# 汽车车身外板件与附件拆检技术

主　审　叶建华　王志光
主　编　虞金松　刘　宁
副主编　商克森　林旭翔　潘少龙
编　者（按姓氏拼音排序）

刁鹏瑜（淄博市技师学院）　　　　潘少龙（淄博普来瑞电器有限公司）
高连江（山东交通职业学院）　　　商克森（山东交通职业学院）
华德余（上海交通职业技术学院）　田　伟（北京励鼎汽车销售有限公司）
李　鹏（临沂市工业学校）　　　　王洪强（山东省淄博市工业学校）
林旭翔（杭州技师学院）　　　　　王纪敏（北京金源诗琴机电设备有限公司）
刘　宁（山东交通职业学院）　　　王玉明（鲁南技师学院）
娄树营（鲁南技师学院）　　　　　徐澳门（上汽通用汽车有限公司）
孟永帅（长春汽车工业高等专科学校）　虞金松（杭州技师学院）

復旦大學出版社

## 内容简介

本教材以立德树人根本任务为指导，秉持"行动导向、德技并修、学生中心、能力本位"的教学理念，将职业素养与专业知识、专业技能有机融合。

本教材基于汽车车身外板件修复的实际岗位工作过程的典型工作任务，提炼、重组为4个项目16个任务，项目包括车身拆检须知、车身外板件拆装与调整、车门附件拆检、车身常见附件拆检。这些任务涵盖了汽车车身外板件与附件拆检的安全和防护要求、规范流程、操作标准、装配工艺、调整方法、常见的问题和解决、相关设备工具和材料的选择及使用、质量检验和评价的方法等内容。针对课程操作性强的技术特点，配套制作了教学短视频等数字教学资源。

本教材适用对象为职业院校汽车相关专业学生、汽车从业人员以及汽车车身结构与拆装爱好者。

本教材配有相关的课件、习题等，欢迎教师完整填写学校信息来函免费获取。邮箱:xdxtzfudan@163.com。

# 序　言

党的二十大要求统筹职业教育、高等教育、继续教育协同创新，推进职普融通、产教融合、科教融汇，优化职业教育类型定位。新修订的《中华人民共和国职业教育法》（简称"新职教法"）于2022年5月1日起施行，首次以法律形式确定了职业教育是与普通教育具有同等重要地位的教育类型。从"层次"到"类型"的重大突破，为职业教育的发展指明了道路和方向，标志着职业教育进入新的发展阶段。

近年来，我国职业教育一直致力于完善职业教育和培训体系，深化产教融合、校企合作，党中央、国务院先后出台了《国家职业教育改革实施方案》（简称"职教20条"）、《中国教育现代化2035》《关于加快推进教育现代化实施方案（2018—2022年）》等引领职业教育发展的纲领性文件，持续推进基于产教深度融合、校企合作人才培养模式下的教师、教材、教法"三教"改革，这是贯彻落实党和政府职业教育方针的重要举措，是进一步推动职业教育发展、全面提升人才培养质量的基础。

随着智能制造技术的快速发展，大数据、云计算、物联网的应用越来越广泛，原来的知识体系需要变革。如何实现职业教育教材内容和形式的创新，以适应职业教育转型升级的需要，是一个值得研究的重要问题。"职教20条"提出校企双元开发国家规划教材，倡导使用新型活页式、工作手册式教材并配套开发信息化资源。"新职教法"第三十一条规定："国家鼓励行业组织、企业等参与职业教育专业教材开发，将新技术、新工艺、新理念纳入职业学校教材，并可以通过活页式教材等多种方式进行动态更新。"

校企合作编写教材，坚持立德树人为根本任务，以校企双元育人、基于工作的学习为基本思路，培养德技双馨、知行合一，具有工匠精神的技术技能人才为目标。将课程思政的教育理念与岗位职业道德规范要求相结合，专业工作岗位（群）的岗位标准与国家职业标准相结合，发挥校企"双元"合作优势，将真实工作任务的关键技能点及工匠精神，以"工程经验""易错点"等形式在教材中再现。

校企合作开发的教材与传统教材相比，具有以下3个特征。

1. 对接标准。基于课程标准合作编写和开发符合生产实际和行业最新趋势的教材，而这些课程标准有机对接了岗位标准。岗位标准是基于专业岗位群的职业能力分析,从专业能力和职业素养两个维度,分析岗位能力应具备的知识、素质、技能、态度及方法,形成的职业能力点,从而构成专业的岗位标准。再将工作领域的岗位标准与教育标准融合,转化为教材编写使用的课程标准,教材内容结构突破了传统教材的篇章结构,突出了学生能力培养。

2. 任务驱动。教材以专业(群)主要岗位的工作过程为主线,以典型工作任务驱动知识和技能的学习,让学生在"做中学",在"会做"的同时,用心领悟"为什么做",应具备"哪些职业素养",教材结构和内容符合技术技能人才培养的基本要求,也体现了基于工作的学习。

3. 多元受众。不断改革创新,促进岗位成才。教材由企业有丰富实践经验的技术专家和职业院校具备双师素质、教学经验丰富的一线专业教师共同编写。教材内容体现理论知识与实际应用相结合,衔接各专业"1+X"证书内容,引入职业资格技能等级考核标准、岗位评价标准及综合职业能力评价标准,形成立体多元的教学评价标准。既能满足学历教育需求,也能满足职业培训需求。教材可供职业院校教师教学、行业企业员工培训、岗位技能认证培训等多元使用。

校企双元育人系列教材的开发对于当前职业教育"三教"改革具有重要意义。它不仅是校企双元育人人才培养模式改革成果的重要形式之一,更是对职业教育现实需求的重要回应。作为校企双元育人探索所形成的这些教材,其开发路径与方法能为相关专业提供借鉴,起到抛砖引玉的作用。

博士,教授

2022 年 11 月

# 前　言

党的二十大报告指出,教育、科技、人才是全面建设社会主义现代化国家的基础性、战略性支撑。深入实施科教兴国战略,强化现代化建设人才支撑。职业教育是国民教育体系和人力资源开发的重要组成部分,是培养多样化人才、传承技术技能、促进就业创业的重要途径。

本教材以立德树人根本任务为指导,坚持课程思政贯穿于课堂教学,秉持"行动导向、德技并修、学生中心、能力本位"的教学理念,围绕"以人为本、敬业奉献、诚实守信"的价值观,充分挖掘课程所蕴含的思政教育元素,将"科学严谨、精益求精、法律意识、风险防范意识"的职业素养与专业知识和专业技能有机融合。实现"教材承载思政"与"思政寓于课程"的有机统一,课程思政与职业素养潜移默化、润物细无声。

汽车车身结构与拆装技术是汽车车身维修相关专业课程体系的重要组成部分,是培养汽车维修技术人才必不可少的重要课程。通过本课程的学习,使学生了解汽车车身结构特点和车身拆检相关设备工具的应用,掌握各类车身部件及附件的拆卸、装配、检修技术,培养学生分析问题、解决问题的综合能力和良好职业素养。

在中国特色现代学徒制教学指导委员会的支持、指导下,我们联合全国多所相关院校,组建了长期从事汽车车身维修教学和科研工作的校企专家编写团队,多方合作编写了本教材。

在教材内容设计和组织上,对接专业教学标准、岗位技能标准和各级各类技能竞赛相关内容的知识点和技能点等,充分结合职业院校学生的认知特征和培养目标,在内容上,要求"精炼、先进""与实际工作紧密结合";在形式上,要求"充分体现做中学"的职业教育理念。注重书以载道、立德树人、需求导向,重构教学内容体系,制订完善的教学解决方案,体现工作手册式和项目化新形态教材要求。与传统的学科体系教材相比,本教材具有以下两个特征。

1. 形式和内容创新

结合近几年的行业发展变化和十余年教学改革实践经验,全新设计教材体例和内容编排;"以学生为中心"设计学习任务和学习内容;淘汰了行业内落后的工艺和技术,修改和更新了部分常规教学内容；在内容上总结提炼了更多工作实战经验，使教材结构紧凑顺畅，内容由浅入深，更符合实际工作中的定位要求和读者学习认知规律。

教材形式新颖，将教材和学材相统一，采用活页装订，结合教材内容，以二维码的形式配套嵌入数字教学资源，可通过手机等移动终端扫码学习，方便支撑信息化教学需要。为了让学生能够及时检查自己的学习效果，巩固知识加深理解，拓展学习视野，不同任务的不同阶段设计了适当形式的评价反馈和拓展知识。

2. 工作过程导向

始终贯彻以来源于企业的典型工作任务为载体，采用项目教学的方式组织内容的思路。通过若干任务，分别介绍了汽车车身结构知识和车身外板件、车身附件以及车门附件拆装技术和方法。每个任务均按读者认知习惯设计学习流程，并突出强调技术和操作要点。教材内容非常具有针对性和实用性，内容叙述准确、通俗易懂、简明扼要，突出解决实际岗位技术问题关键能力的培养，有利于教师的教和读者的学。

本教材的学习任务采用"任务活动与知识学习相结合"的架构体系，读者可以从"任务描述"环节入手，根据"任务分析"把握工作任务实施的要点和难点；通过"任务准备"和"任务实施"梳理专业知识和技术要点、掌握岗位技能；对照"实操活动和评价"，检验技能与知识的学习效果，同时落实职业素养的培养成效，真正做到思政教学贯穿始终。

建议采用"教学做一体化"教学模式，加重实操训练占比，具体教学实施可参考附录课程标准。

本教材图片、视频不涉及版权及肖像权问题，所用设备器材、产品与企业无任何利益关系。

由于编者水平有限，书中难免存在疏漏和不足之处，恳请广大读者批评指正，以便我们今后修订和完善。

编　者

2023 年 5 月

# 目　　录

## 项目一　车身拆检须知 ········································· 1-1
### 任务一　车身辨识 ········································· 1-2
### 任务二　连接件辨识 ······································· 1-8
### 任务三　拆装工具选用 ····································· 1-16

## 项目二　车身外板件拆装与调整 ································· 2-1
### 任务一　保险杠拆装与调整 ································· 2-2
### 任务二　前翼子板拆装与调整 ······························· 2-10
### 任务三　发动机罩拆装与调整 ······························· 2-19
### 任务四　车门拆装与调整 ··································· 2-29

## 项目三　车门附件拆检 ········································· 3-1
### 任务一　车门内饰板拆检 ··································· 3-2
### 任务二　后视镜拆检 ······································· 3-9
### 任务三　玻璃升降机构拆检 ································· 3-16
### 任务四　车窗玻璃拆检 ····································· 3-23
### 任务五　门锁机构拆检 ····································· 3-31

## 项目四　车身常见附件拆检 ····································· 4-1
### 任务一　座椅拆检 ········································· 4-2
### 任务二　风挡玻璃拆检 ····································· 4-11
### 任务三　安全带拆检 ······································· 4-22
### 任务四　天窗总成拆检 ····································· 4-29

## 参考文献 ····················································· 1

## 附录　课程标准 ··············································· 2

# 项目一

【 汽车车身外板件与附件拆检技术 】

# 车身拆检须知

## 项目介绍

车身是汽车的重要组成部分,正确辨识车身是外板件和附件拆检等车身修复工作的基础。本项目主要介绍车身和连接件的辨识以及拆装工具的选用等内容。

通过对项目知识的学习及相关技能的训练,正确认知典型车身件名称及特点,掌握螺纹连接件、卡扣、线束插接器、水管和油管的选配和拆接技能,锻炼正确使用工具拆装连接件的能力,为后续项目的学习打下基础。

### 学习导航

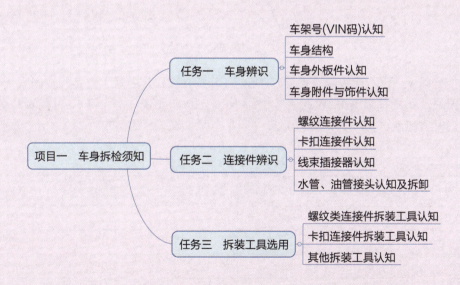

项目一 车身拆检须知
- 任务一 车身辨识
  - 车架号(VIN码)认知
  - 车身结构
  - 车身外板件认知
  - 车身附件与饰件认知
- 任务二 连接件辨识
  - 螺纹连接件认知
  - 卡扣连接件认知
  - 线束插接器认知
  - 水管、油管接头认知及拆卸
- 任务三 拆装工具选用
  - 螺纹类连接件拆装工具认知
  - 卡扣连接件拆装工具认知
  - 其他拆装工具认知

# 任务一　车身辨识

### 学习目标

1. 能正确查找车架号并解读关键信息。
2. 掌握不同类型车身的结构组成和特点。
3. 能正确描述车身外板件和车身附件的名称。
4. 通过查找车架号和辨识车身件，培养严谨细致的工作习惯和认真负责的工作态度。

### 情景导入

组成汽车车身的车身件多达上百种，识别车身件和车架号是阅读维修工单及开展车身外板件拆检的前提条件。那么，你能否准确辨识典型车身件的名称及特点？

### 学习内容

#### 一、车架号(VIN码)认知

车架号，也被称为车辆识别代号(VIN码)，是由17位字母、数字组成的编码，一车一码，如图1-1-1所示。

图1-1-1　车架号(VIN码)

车架号前1~3位，代表着全世界汽车制造厂识别代码，其中第1位是制造国家代号，如L是中国的代号，1代表美国，W代表德国，S代表英国，J代表日本。第10位代表的是车辆的生产时间或年款，如表1-1-1所示。

表1-1-1　车架号第10位代码

| 年份 | 代码 | 年份 | 代码 | 年份 | 代码 |
|---|---|---|---|---|---|
| 2001 | 1 | 2007 | 7 | 2013 | D |
| 2002 | 2 | 2008 | 8 | 2014 | E |
| 2003 | 3 | 2009 | 9 | 2015 | F |
| 2004 | 4 | 2010 | A | 2016 | G |
| 2005 | 5 | 2011 | B | 2017 | H |
| 2006 | 6 | 2012 | C | 2018 | J |

续 表

| 年份 | 代码 | 年份 | 代码 | 年份 | 代码 |
|---|---|---|---|---|---|
| 2019 | K | 2023 | P | 2027 | V |
| 2020 | L | 2024 | R | 2028 | W |
| 2021 | M | 2025 | S | 2029 | X |
| 2022 | N | 2026 | T | 2030 | Y |

通过车架号可查询到车辆的关键信息,如车辆配置和规格、车身色号、零部件型号、维保记录等,对车身维修工作极为重要。车架号常见位置如图 1-1-2 所示。

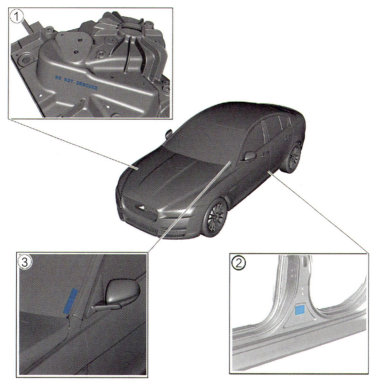

图 1-1-2 车架号常见位置

## 二、车身结构

车身的适用性决定了车身结构造型特点,而汽车驱动形式则影响到车身的结构布置,不同的发动机布置和驱动形式对车身结构都有影响。

**1. 车身类型**

(1) 按车身承载方式分为承载式和非承载式,如图 1-1-3、图 1-1-4 所示。

(2) 按车身材料分为钢制车身(图 1-1-5)、钢铝混合车身(图 1-1-6)、铝制车身、复合材料车身等。

(3) 乘用车通常细分为基本型乘用车(轿车)(图 1-1-7)、运动型多用途车(SUV)(图 1-1-8)、多用途车(MPV)(图 1-1-9)、专用乘用车和交叉型乘用车等。

图 1-1-3 承载式车身

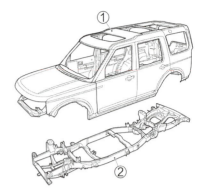

图 1-1-4 非承载式车身

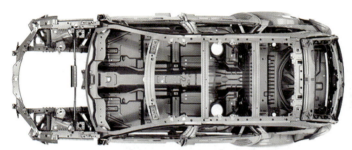

图 1-1-5 钢制车身(车身制造以电阻点焊为主)

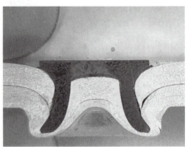

图 1-1-6 钢铝混合车身(车身制造以铆接为主)

图 1-1-7 轿车　　　　　图 1-1-8 运动型多用途车　　　　　图 1-1-9 多用途车

**2. 车身结构组成**　　汽车车身结构主要包括：车身结构件、覆盖件和车身附件。

（1）车身结构件是保证车身强度和刚度的零部件，主要包括地板总成、前后纵梁、横梁、立柱及结构加强件(A、B、C柱加强件、上横梁加强件、前后防撞梁加强件)等。车身骨架是由车身结构件组合而成的空间框架结构,可保证车身的强度和刚度,如图1-1-10所示。

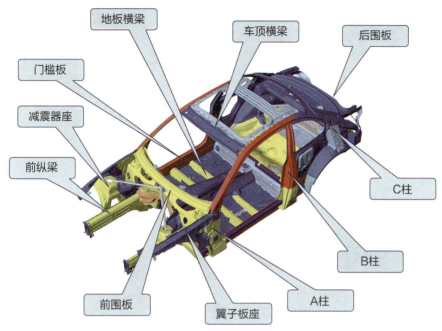

图1-1-10　常见车身组成

(2) 车身覆盖件是覆盖在车身骨架表面上的零部件,如车门、翼子板、保险杠、发动机罩和行李箱盖等,如图1-1-11所示。

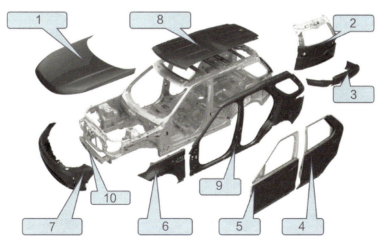

图1-1-11　车身覆盖件

1. 发动机罩　2. 行李箱盖　3. 后保险杠　4. 后车门　5. 前车门　6. 前翼子板　7. 前保险杠　8. 车顶外板　9. 侧围外板　10. 车身骨架

(3) 车身附件主要包括车窗玻璃及玻璃升降机构、车灯、后视镜、座椅、外拉手、车门锁、内饰板、护板等,如图1-1-12所示。

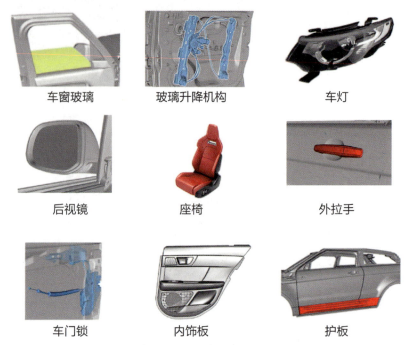

图 1-1-12 常见车身附件

### 任务训练

辨识车身件：请根据图 1-1-13 所示内容填写表 1-1-2。

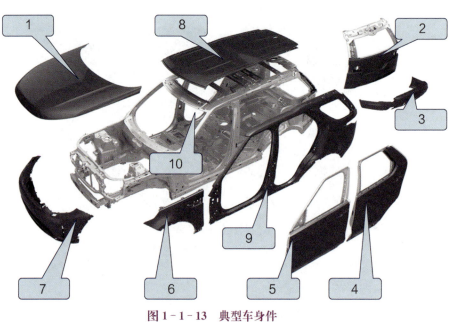

图 1-1-13 典型车身件

表 1-1-2 典型车身件名称及特点

| 序号 | 车身件名称 | 常见材质 | 是否可拆卸 | 类型 | | |
|---|---|---|---|---|---|---|
| 1 | | | □是　□否 | □结构件 | □覆盖件 | □附件 |
| 2 | | | □是　□否 | □结构件 | □覆盖件 | □附件 |
| 3 | | | □是　□否 | □结构件 | □覆盖件 | □附件 |
| 4 | | | □是　□否 | □结构件 | □覆盖件 | □附件 |
| 5 | | | □是　□否 | □结构件 | □覆盖件 | □附件 |
| 6 | | | □是　□否 | □结构件 | □覆盖件 | □附件 |
| 7 | | | □是　□否 | □结构件 | □覆盖件 | □附件 |
| 8 | | | □是　□否 | □结构件 | □覆盖件 | □附件 |
| 9 | | | □是　□否 | □结构件 | □覆盖件 | □附件 |
| 10 | | | □是　□否 | □结构件 | □覆盖件 | □附件 |

## 任务评价

请根据任务完成情况填写表 1-1-3。

表 1-1-3 任务评价表

| 序号 | 评价内容 | 评价结果 | 存在问题的分析及解决办法 |
|---|---|---|---|
| 1 | 正确查找车架号并解读关键信息 | □是　□否 | |
| 2 | 正确描述车身类型 | □是　□否 | |
| 3 | 正确描述车身结构组成 | □是　□否 | |
| 4 | 正确描述车身件名称 | □是　□否 | |
| 5 | 正确描述车身件材质 | □是　□否 | |

## 课后测评

测试题请扫描二维码。

测试题

# 任务二　连接件辨识

### 学习目标

1. 能正确辨识螺栓螺母、卡扣、线束插接器和管路接头等连接件。
2. 了解不同类型连接件的作用和特点。
3. 掌握各种螺纹连接件、卡扣、线束插接器、管件的拆卸方法及注意事项。
4. 通过对连接件的正确辨识,培养严谨细致、认真负责的工作态度,提高工作标准。

### 情景导入

汽车由上百种车身件通过不同的连接方式组合而成,识别车身的连接方式及掌握不同连接件的拆装方法是正确拆检车身外板件和附件的必备知识。那么,你能否识别并正确分离车身件?

### 学习内容

汽车车身件的连接方式分为不可拆卸和可拆卸。不可拆卸的连接如焊接、铆接、粘接等,可拆卸的连接如螺纹连接、卡扣连接等。本任务主要介绍车身外板件及车身附件的可拆卸连接件。

一、螺纹连接件认知

**1. 螺纹连接件的种类**　螺纹连接是车身外板件、附件与整车装配的主要连接方式。车身中所用的螺纹连接件主要有两大类,即螺栓(螺钉)与螺母,主要材质为钢制。常见螺纹连接件的名称、特点及拆装注意事项如表1-2-1所示。

表1-2-1　常见螺纹连接件

| 图示 | 名称、特点及拆装注意事项 |
| --- | --- |
|  | 名称:普通螺栓<br>特点:螺栓头为六边形<br>车身使用情况:常用<br>拆装注意事项:建议首选内六边形套筒工具,其次是梅花扳手,再次是开口扳手,不建议使用活动扳手 |
|  | 名称:内梅花螺栓<br>特点:螺栓头为圆形,内凹梅花状<br>车身使用情况:常用<br>拆装注意事项:适配梅花套筒,禁用六角套筒 |

续 表

| 图示 | 名称、特点及拆装注意事项 |
|---|---|
|  | 名称:内六角螺栓<br>特点:螺栓头为圆形,内凹六边形状<br>车身使用情况:较少<br>拆装注意事项:适配六角套筒,禁用梅花套筒 |
|  | 名称:梅花形螺栓<br>特点:螺栓头六角梅花状<br>车身使用情况:较少<br>拆装注意事项:适配六边形套筒,禁用内梅花套筒 |
|  | 名称:十字螺钉(梅花螺钉)<br>特点:螺钉头圆形,并有内凹"十"字状(内凹梅花),螺钉尾部呈尖端<br>车身使用情况:较少<br>拆装注意事项:适配十字螺丝刀,不建议使用一字螺丝刀 |
|  | 名称:螺母<br>特点:六边形,内有螺纹<br>车身使用情况:常用<br>拆装注意事项:匹配的内六边形套筒或者扳手,禁用大力钳 |

**2. 螺纹连接的特点** 螺纹旋转方向分左旋与右旋,一般左旋螺栓会在螺栓头标注"L",拆装时注意松开与紧固方向。

螺纹连接的优点是结构简单、连接可靠、拆装方便。

螺纹按螺距(每英寸的牙数)不同分为标准螺纹、粗牙螺纹、细牙螺纹。粗牙螺纹与细牙螺纹的区别如图1-2-1所示。

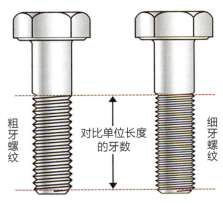

**图1-2-1 粗牙螺栓和细牙螺栓的区别**

**3. 螺栓扭矩要求**　螺栓安装时,一般有扭矩及先后顺序要求,都会在维修资料上予以标注清楚,拆装时务必按照规定扭矩与顺序(图1-2-2),拆卸紧固螺栓。

扭矩
级1：4Nm
级2：70Nm
级3：133Nm

图1-2-2　螺栓拆装的扭矩与顺序

## 二、卡扣连接件认知

卡扣通常是塑料材质,具有一定柔韧性,通过紧固件的变形和反弹实现安装,在汽车车身、内外饰件和电子电器的连接安装中均有大量使用。

**1. 卡扣种类**　各类卡扣的具体名称、拆装工具、使用情况,如表1-2-2所示。

表1-2-2　常见卡扣

| 图示 | 名称、拆装工具和使用情况 |
|---|---|
|  | 名称：隐藏式卡扣<br>拆装工具：无<br>应用：常用于门内饰板、裙护板等<br>注意：一次性使用,强制更换;拆装方式如箭头所示,拆装步骤按字母顺序进行 |
|  | 名称：卡夹<br>拆装工具：一字螺丝刀、热塑型套管<br>使用情况：车门内饰板、车门外装饰条<br>注意：可重复使用;拆装方向如箭头所示,拆装步骤按字母顺序进行 |

续表

| 图示 | 名称、拆装工具和使用情况 |
|---|---|
| 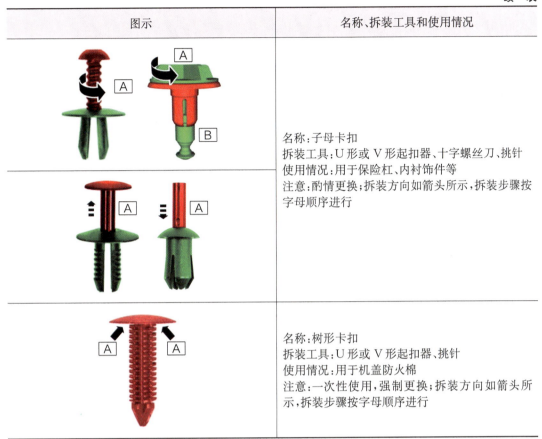 | 名称：子母卡扣<br>拆装工具：U形或V形起扣器、十字螺丝刀、挑针<br>使用情况：用于保险杠、内衬饰件等<br>注意：酌情更换；拆装方向如箭头所示，拆装步骤按字母顺序进行 |
| | 名称：树形卡扣<br>拆装工具：U形或V形起扣器、挑针<br>使用情况：用于机盖防火棉<br>注意：一次性使用，强制更换；拆装方向如箭头所示，拆装步骤按字母顺序进行 |

**2. 卡扣的特点** 卡扣连接最大的特点是拆装便捷，部分类型的卡扣甚至可以免工具拆装。塑料卡扣主要通过手感以及声音判断是否安装到位，卡扣的定位件可以引导卡扣顺利、正确、快速到达安装位置。

### 三、线束插接器认知

**1. 线束插接器的作用** 线束插接器用于连接汽车电气线路，为电流及电信号传递提供条件，实现线路的正常、稳定运行。

插接器中有许多连接点，任何一点出现问题，都可能出现故障并导致严重的后果。因此，在拆卸汽车电气线路过程中，正确拆装插接器非常重要。

**2. 线束插接器的结构组成和特点** 线束插接器主要由端子、壳体、固定架、密封部分、锁止部分等组成，如图1-2-3所示。

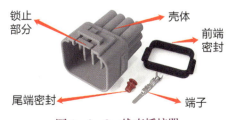

图1-2-3 线束插接器

**3. 常见线束插接件的拆卸安装方法**  如表1-2-3所示。

表1-2-3  常见线束插接件的拆卸安装方法

| 图示 | 拆装步骤与说明 |
|---|---|
| 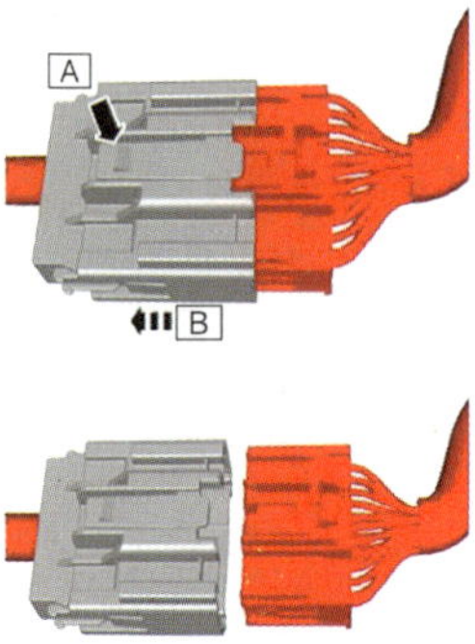  | 拆装步骤与说明：<br>A 按压，松开锁止<br>B 同时将其分离<br>使用工具：一字螺丝刀<br>注意：应施力于插接件本体，严禁拽线 |
| 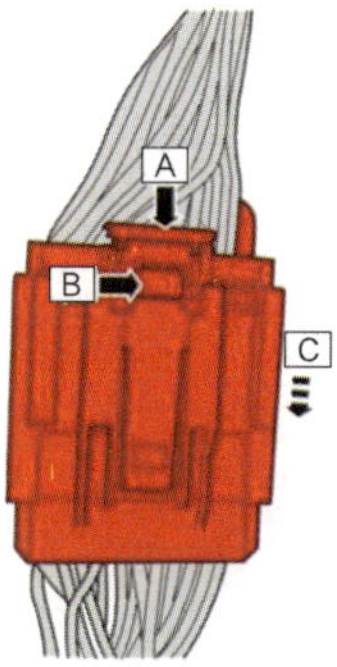  | 拆装步骤与说明：<br>A 向上的方向从接头上拉开保险<br>B 图示位置按压或推入锁止按钮<br>C 同时将其分离<br>使用工具：一字螺丝刀<br>注意：须松开两道锁止 |
| 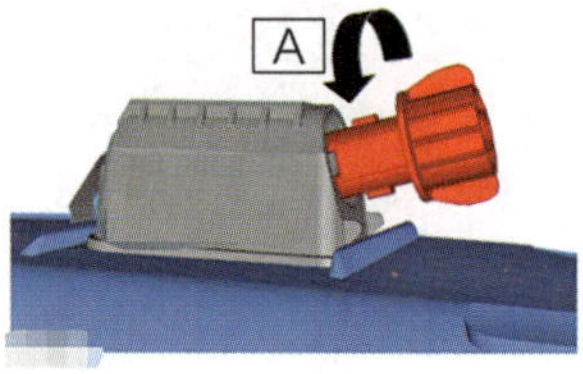  | 拆装步骤与说明：<br>A 扭转90°（或180°）<br>B 同时将其分离<br>使用工具：无<br>注意：控制扭转角度为90°（或180°） |
| 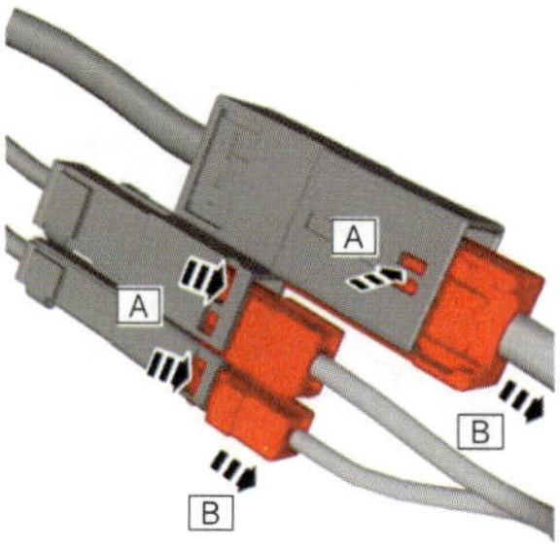  | 拆装步骤与说明：<br>A 按压<br>B 同时将其分离<br>使用工具：无<br>注意：应施力于插接件本体，严禁拽线 |

**4. 线束插接器拆装注意事项**

（1）先解除锁止，再进行插拔；安装时应能听到清脆的锁止声。

（2）拆装前应检查外观是否损坏、连接是否松动；检查内部是否有脏污；检查针脚是否脱落、变形。

### 四、水管、油管接头认知及拆卸

**1. 玻璃洗涤水管接头** 玻璃洗涤水管主要有两种锁紧方式：卡环锁紧和直插式连接。拆卸方法如图1-2-4所示。

图1-2-4 玻璃洗涤水管拆卸方法

**2. 冷却水管接头及拆卸方法** 如图1-2-5所示。

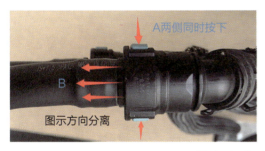

图1-2-5 冷却水管拆卸方法

**3. 油管接头及拆卸方法** 如图1-2-6所示。

拆卸注意事项：注意选择正确工具、旋拧方向与力矩以及密封效果的检查。

图1-2-6 油管接头

### 任务训练

螺纹连接件、卡扣连接件、线束插接器、水管和油管的选用训练。

（1）请根据对螺纹连接件的认识，对实训教学现场提供的各种螺纹连接件（图1-2-7）进行螺纹件识别练习。

图1-2-7　螺纹连接件

（2）请根据对卡扣连接件的认识，对实训教学现场提供的各种卡扣连接件（图1-2-8）进行卡扣识别练习。

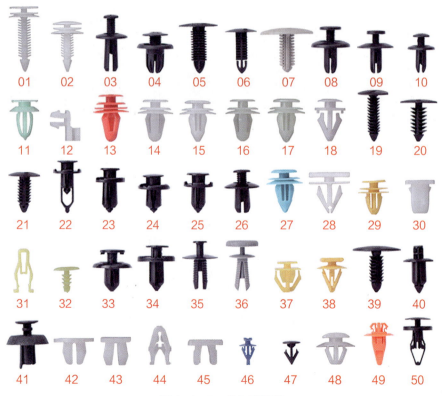

图1-2-8　卡扣连接件

（3）请根据对线束插接器的认识，对实训教学现场提供的各种线束插接器（图1-2-9）进行插拔训练，练习线束插接器的使用和拆装。

**图1-2-9　线束插接器**

（4）请根据对水管和油管的认识，对实训教学现场提供的水管和油管进行选配练习。

### 任务评价

请根据任务完成情况填写表1-2-4。

**表1-2-4　任务评价表**

| 序号 | 评价内容 | 评价结果 | 存在问题的分析及解决办法 |
| --- | --- | --- | --- |
| 1 | 正确选用螺纹连接件 | □是　□否 | |
| 2 | 正确选用卡扣连接件 | □是　□否 | |
| 3 | 正确选用螺母 | □是　□否 | |
| 4 | 正确连接和断开插接器 | □是　□否 | |
| 5 | 正确断开和连接水管接头 | □是　□否 | |
| 6 | 7S(整理、整顿、清扫、清洁、素养、安全和节约)管理 | □执行　□未执行 | |

### 课后测评

测试题请扫描二维码。

测试题

# 任务三　拆装工具选用

### 学习目标

1. 能按照不同类型的连接件选择合适的拆装工具。
2. 能正确使用工具拆装连接件。
3. 通过拆装工具的正确选用,培养安全意识、标准意识,提高效率意识和质量意识。

### 情景导入

拆卸和安装不同类型的连接件时,需要用到各种拆装工具。能正确选择和使用拆装工具是拆检车身外板件和附件的必备技能。那么,你能否准确选用各类拆装工具?

### 学习内容

**一、螺纹类连接件拆装工具认知**

**1. 扳手**　扳手是汽车修理中常用的工具,用于旋松或拧紧螺栓和螺母。

(1) 常用扳手类型:常用的扳手有开口扳手、梅花扳手、两用扳手、活动扳手、扭矩扳手等,具体见图 1-3-1。

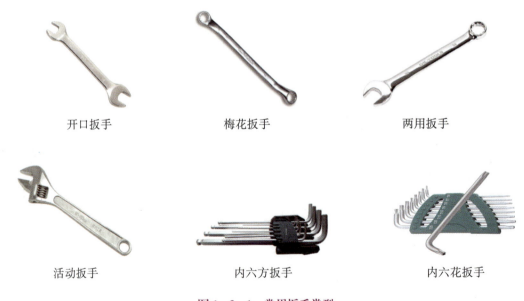

图 1-3-1　常用扳手类型

提示:拆装某些特定部位时,须按照维修手册要求,选择专用扳手;拆装新能源车辆时,须按照维修手册要求,选用绝缘工具。

**扳手使用注意事项：**
- 选择与螺栓或螺母尺寸相匹配的扳手。
- 避免施加过大扭矩。
- 使用内六角和内六花扳手时，要深入到螺栓拆装面底部。
- 施力时，应朝向操作者身体方向。

**2. 套筒＋接杆（转接头）＋棘轮手柄**

（1）套筒：套筒分为普通（六边形）套筒、内花键套筒、六边形旋具套筒、六角花键旋具套筒、十字旋具套筒、一字旋具套筒等。

六边形套筒尺寸如图1-3-2所示，主要尺寸为套筒规格A（六边形对边距离）及套筒深度D，选用时请务必关注规格与套筒深度是否与螺栓相匹配。

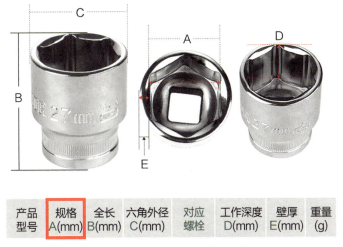

图1-3-2　六边形套筒尺寸

**套筒扳手使用注意事项：**
- 必须使套筒头与螺栓、螺母的形状及尺寸完全适配。
- 禁止使用已损坏的套筒。
- 禁止用锤子将套筒击入变形的螺栓、螺母。
- 不要对棘轮手柄施加过大的扭矩。
- 不要用普通套筒头替代风动套筒头（黑色）。

（2）棘轮手柄与扭矩扳手：棘轮手柄根据头部接口大小分为：大飞、中飞、小飞，接口尺寸如图1-3-3所示（注：棘轮扳手因工作效率高，俗称"飞"）。

**注意：**

大、中、小飞接头尺寸为英制（即1/4、3/8、1/2），所有厂家生产的套筒、接杆都通用，请根据套筒接口合理选择。

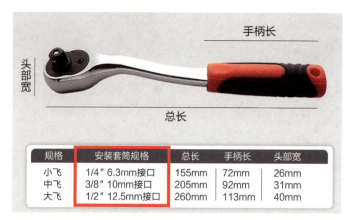

图 1-3-3 棘轮手柄

拧紧有扭矩要求的螺栓时,需使用扭矩扳手,扭矩扳手分为数字式和机械式,如图 1-3-4 所示。扭矩扳手需配合套筒与接杆使用。

图 1-3-4 扭矩扳手

> **注意:**
> 机械式扭矩扳手使用后需释放弹簧张力。每 12 个月需校准一次。

（3）接杆、转接头

1) 接杆:根据接头大小,一般有大飞接杆、中飞接杆、小飞接杆,根据工作需要,合理选择接杆,亦可组合使用,如图 1-3-5 所示。

2) 转接头:一般有大、中、小飞转接头和万向转接头,根据工作需要合理选用,如图 1-3-6 所示。

图 1-3-5 接杆　　　　　　　　　图 1-3-6 转接头

**3. 螺丝刀**　螺丝刀又称改锥或起子,是用于拧转螺丝的工具。

（1）螺丝刀类型:螺丝刀类型有普通螺丝刀、组合式螺丝刀、电动螺丝刀等;螺丝刀头部类型有一字、十字、星形、米字、方头、六角形等,常见螺丝刀见图 1-3-7。

| 十字螺丝刀 | 一字螺丝刀 | 星形螺丝刀 |

图1-3-7 常见螺丝刀

**螺丝刀使用注意事项：**
- 根据操作空间的大小选择适当长度的螺丝刀。
- 螺丝刀头部的尺寸与螺钉的槽部形状应紧密配合。
- 使用螺丝刀时，应用力握住螺丝刀，手心抵住柄端，螺丝刀与螺钉的轴心必须保持同轴。
- 避免将螺丝刀当作撬具使用。
- 禁止敲击螺丝刀（通心式和冲击螺丝刀除外）。

**4. 其他螺栓拆装工具**

对部分拆装频率高的螺栓，可选用如T形套筒扳手(10 mm、12 mm)、L形双头或三叉套筒扳手(17 mm、19 mm、22 mm等)，分别如图1-3-8～图1-3-10所示。

图1-3-8 T形套筒扳手　　图1-3-9 L形双头套筒扳手　　图1-3-10 三叉套筒扳手

按照不同种类的螺纹连接件，结合日常工作实际，选用合适的拆装工具，具体见表1-3-1。

表1-3-1 拆装工具选用表

| 螺纹连接件种类 | 优选 | | 次选 | 备选 |
|---|---|---|---|---|
| 六边形螺栓 | 普通套筒 | 接杆<br>（转接头）<br>+<br>棘轮手柄 | 开口扳手<br>（梅花扳手） | 活动扳手 |
| 螺母 | | | | |
| 梅花螺栓 | 内花键套筒 | | / | / |

续 表

| 螺纹连接件种类 | 优选 | | 次选 | 备选 |
|---|---|---|---|---|
| 内六边形螺栓 | 六边形旋具套筒 | | L形内六角 | / |
| 内梅花螺栓（螺钉） | 六角花键旋具套筒 | | L形内花键 | / |
| 十字螺钉 | 十字螺丝刀 | | 旋具套筒＋接杆＋棘轮扳手 | 一字螺丝刀 |

## 二、卡扣连接件拆装工具认知

卡扣连接件拆装工具类型：具体工具名称、工具图片及拆装对象，见表1-3-2。

表1-3-2 卡扣类连接件拆装工具类型

| 名称 | 图片 | 拆装对象 |
|---|---|---|
| 挑针 |  | 内饰小件，一般指螺栓盖板 |
| 撬棒（起扣） |  | 用暗卡连接一些小型饰板 |
| 楔形块 |  | 受力较大，体积较大的门内饰板等 |
| 起扣器 |  | 主要用于一些塑料卡扣（明扣）的拆卸，各类线束的固定卡夹 |

**卡扣类拆装工具使用注意事项：**
- 使用起扣器和卡扣撬具时，要避免损伤漆面或内饰板。
- 挑针头部较尖锐，使用时务必注意人身与车辆安全。

## 三、其他拆装工具认知

具体见图1-3-11。

图1-3-11　其他拆装工具

### 任务训练

(1) 选择拆装工具:请根据图1-3-12所示连接件,选择合适的拆装工具,填入表1-3-3中。

图1-3-12　车身连接件

表 1-3-3　选用拆装工具

| 序号 | 连接件名称 | 首选拆装工具 | 选用理由 |
| --- | --- | --- | --- |
| 1 |  |  |  |
| 2 |  |  |  |
| 3 |  |  |  |
| 4 |  |  |  |
| 5 |  |  |  |
| 6 |  |  |  |
| 7 |  |  |  |
| 8 |  |  |  |
| 9 |  |  |  |

（2）练习使用拆装工具：请根据教学现场的教具车或教具，正确选用工具并在规定时间内完成教师指定车身部位连接件的拆装。

### 任务评价

请根据任务完成情况填写表 1-3-4。

表 1-3-4　任务评价表

| 序号 | 评价内容 | 评价结果 | 存在问题的分析及解决办法 |
| --- | --- | --- | --- |
| 1 | 安全防护齐备 | □是　□否 |  |
| 2 | 正确选择工具类型 | □是　□否 |  |
| 3 | 正确描述工具特点 | □是　□否 |  |
| 3 | 组合工具 | □正确　□错误 |  |
| 4 | 旋松操作 | □正确　□错误 |  |
| 5 | 拧紧操作 | □正确　□错误 |  |
| 6 | 完成时间 | □按时　□超时 |  |
| 7 | 应急处置 | □正确　□错误 |  |
| 8 | 7S 管理 | □执行　□未执行 |  |

### 课后测评

测试题请扫描二维码。

测试题

# 项目二

【 汽车车身外板件与附件拆检技术 】

## 车身外板件拆装与调整

### 项目介绍

车身外板件是汽车车身的重要组成部分,在车身损伤后的维修工作中,常需要对其拆卸后才能完成修复或更换,在修复过程中需要反复调整安装位置,以恢复其原有的作用和性能。本项目主要介绍保险杠、前翼子板、发动机罩、车门的拆装与调整。

通过对项目知识的学习及相关技能的训练,正确认知车身外板件的结构特点、性能要求和装配要点,掌握其拆装流程和调整技术,熟悉拆装方法和注意事项,锻炼并提高拆装工作技能,为后续项目的学习打下基础。

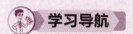

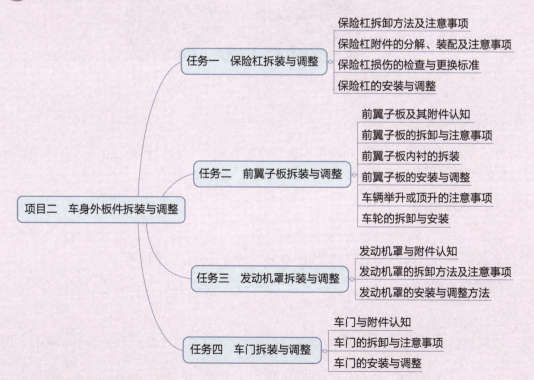

# 任务一　保险杠拆装与调整

## 学习目标

1. 能正确拆卸、检查、调整、装配保险杠及其附件、线束插接器等。
2. 能正确调整保险杠与周围零件配合间隙使其符合厂家质量要求。
3. 能按厂家要求更换一次性紧固件,螺栓扭矩符合厂家要求。
4. 通过保险杠拆装和调整过程,培养认真负责的工作态度,培养严谨细致的工作习惯,增强安全意识,提高质量意识。

## 情景导入

如图2-1-1所示,某车辆发生事故,前保险杠受损,需更换,该如何操作?

图2-1-1　事故车

## 任务描述

保险杠拆装与调整是车身外覆盖件拆检的典型工作任务,该任务包含保险杠及附件拆卸、检查、安装及调整。通过本任务学习后,能拆装与调整保险杠。

## 任务分析

保险杠拆装与调整主要是拆卸、调整及安装保险杠及附件。作业前应检查相关电器功能是否正常,拆装过程中应注意保护漆面,装配后外观应符合厂家标准。

## 任务准备

### 一、保险杠及其附件认知

保险杠安装在汽车前部和后部,能在发生前撞或后撞事故时保护车身和行人,同时也能起到美观装饰和空气导流作用,并减小空气阻力。保险杠与车身之间装有吸能缓冲块、防撞梁等。前保险杠如图 2-1-2 所示。

图 2-1-2　前保险杠和后保险杠

保险杠上安装有雷达、雾灯、摄像头等各种功能性附件,如图 2-1-3 所示。

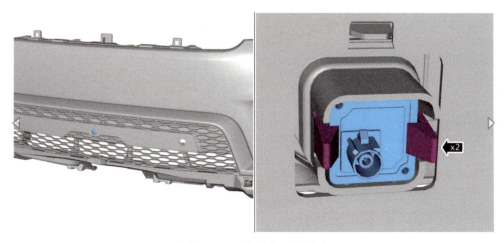

图 2-1-3　保险杠驻车雷达

## 二、保险杠的拆装与调整准备

### 1. 维修班组成员

□组长　□操作员　□质检员　其他_____

### 2. 检查场地

□是否明亮　□施工区域是否安全　□气源安全　□电源安全
□工位场地面积_____　现场人数_____

### 3. 设备工具

□套筒工具　□螺丝刀套装　□卡扣拆装工具　□T20 星形扳手　□T25 星形扳手
□T30 星形扳手　□扭力扳手　□举升机　□工具车　其他_____

### 4. 安全防护

☐工作服　☐工作鞋　☐棉线手套　☐防尘口罩　☐护目镜　☐耳塞/耳罩
其他_____

### 5. 产品耗材

☐车辆防护垫三件套　☐一次性座椅垫　☐一次性脚垫　☐生料带　☐电工胶带
☐塑料卡扣　其他_____（注：车辆防护垫三件套指左右翼子板防护垫与中网防护垫）

## 🔧 任务实施

**步骤一　阅读工单、环车检查**

（1）填写车辆预检单、开具维修工单：服务顾问登记车辆信息、环车检查后填写车辆预检单、开具维修工单。

车辆预检单与
维修工单

是否安装三件套：☐是　☐否　原因_____
是否做车辆外检：☐是　☐否　原因_____
是否让车主签字确认：☐是　☐否　原因_____
是否登记保险到期日期：☐是　☐否　原因_____
其他_____

（2）查看维修工单，确认维修项目：钣喷主管接到待修车辆时，需查看维修工单，确认维修项目，并环车检查，确定车身外观情况与工单记录一致，工单上车辆信息与待修车辆一致。填写维修班组（或技师姓名）及交车时间。

是否查看工单内容：☐是　☐否　原因_____
客户是否签字：☐是　☐否　原因_____
是否填写交车时间：☐是　☐否　原因_____
是否妥善保存钥匙：☐是　☐否　原因_____
其他_____

**步骤二　拆装工作准备**

（1）工具准备：准备并检查拆卸保险杠所需的工具、设备是否良好。
（2）车辆保护：使用座椅套、方向盘套、挂挡杆套、一次性脚垫保护车辆座椅、方向盘、换挡杆、地毯等。
（3）人员防护：穿戴工作服、劳保鞋，佩戴棉纱手套、护目镜等防护用品。
（4）电器件测试：测试安装在保险杠的相关电器（如大灯清洗器、行车雷达、雾灯、摄像头）功能。

**步骤三　断开蓄电池负极**

汽车电气化智能化水平较高，若带电插拔线束端子，会造成部分电子元器件损坏，而前保险杠处常安装有雷达、摄像头、大灯清洗、雾灯等电子元器件，故在拆卸前保险杠时应先断开蓄电池负极,如图 2-1-4 所示。

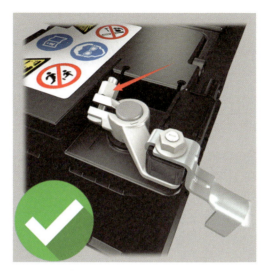

图 2-1-4　断开蓄电池负极

(1) 打开蓄电池盒盖(或负极电极保护帽)。
(2) 松开蓄电池负极极桩紧固螺栓。
(3) 用绝缘材料包裹蓄电池负极。

**步骤四　拆卸保险杠**

(1) 查阅维修手册:确定保险杠的拆卸流程。

流程标记:
- 
- 
- 

(2) 拆卸保险杠固定螺栓或卡扣:保险杠大致有上部、底部、左侧、右侧 4 个部位固定。
1) 拆除底部固定螺栓,如图 2-1-5 所示。

图 2-1-5　拆除保险杠底部螺栓

**注意:**

1. 拆除车辆底部螺栓(卡扣)时,应佩戴安全帽、护目镜(面罩)。
2. 若车辆底盘较低,须使用车辆支撑架(或举升机)支撑起车辆,严禁在千斤顶支撑下作业。

2) 拆除或松开左右两侧连接:启动车辆,转动转向盘,增大车轮侧作业空间。松开(或拆除)前翼子板内衬,如图 2-1-6 所示。断开前保险杠线束插接器,如图 2-1-7 所示。松开前保险杠与前翼子板的固定螺栓。

图 2-1-6 拆除前翼子板内衬

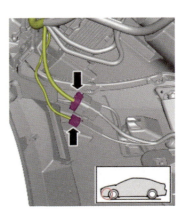
图 2-1-7 分离保险杠线束

**注意:**

1. 拆除线束插接器后,用塑料薄膜捆扎保护。
2. 拆除洗涤管连接端时,务必使用液体收集盘,并用夹子封闭管路。
3. 若操作空间受限,可拆除车轮。
4. 拆除前翼子板内衬时,须注意轮速传感器的安装位置,并做好标记。
5. 内衬紧固件种类和数量均较多,应避免安装时遗漏或者错误使用(可做好标记或拍照)。

3) 拆除保险杠上部固定螺栓,如图 2-1-8 所示。

图 2-1-8 拆除保险杠上部螺栓

保险杠的主要固定件集中在上部(部分车型车系需要拆除车辆前大灯、前中网,以便露出紧固件)。

> **注意:**
> 　　上部紧固件种类和数量均较多,应避免安装时遗漏或者错误使用(可做好标记或拍照)。

　　(3) 分离保险杠:用手掌拍击保险杠与前翼子板连接处,脱开保险杠与翼子板卡扣连接,双人协作从车身上取下保险杠,如图 2-1-9 所示。

**图 2-1-9　双人协作分离保险杠**

> **注意:**
> 　　1. 分离保险杠时,须检查相关线束、管件是否断开,紧固件是否拆解或松开,避免暴力拉拽造成损坏。
> 　　2. 取下的保险杠应妥善置于保险杠支架上。

**步骤五　拆除附件**

建议按以下顺序拆除:
(1) 拆除重要电子元器件:自适应巡航模块(ACC)、驻车雷达、前摄像头等。
(2) 拆除线束与管件:雾灯、雷达、摄像头等线束、大灯清洗管件。
(3) 拆除装饰件:拆除车标、中网、前雾灯等(部分 SUV 车型,中网直接安装于车身主体)。
拆除附件后的保险杠如图 2-1-10 所示。

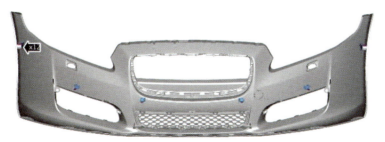

**图 2-1-10　保险杠**

**注意:**

1. 若保险杠拆卸目的仅为检查或维修其他部件,应避免拆解保险杠附件。
2. 保险杠附件分离时,应注意保护漆面。
3. 拆除自适应巡航模块、摄像头等电子模块时,须谨慎操作,切勿使用尖锐工具撬动。
4. 拆除雷达、线束、管线时务必做好标记,以免安装错位。

### 步骤六 检查保险杠附件

(1) 检查大灯清洗装置、摄像头、雷达等电子器件是否有损坏。
(2) 检查雾灯格栅、中网、车标等外观件是否有刮擦。
(3) 检查保险杠内衬是否完好,若有挤压变形,建议更换。
(4) 检查各类线束、管线是否损坏。

保险杠修复或
更换标准

**注意:**

1. 需更换的附件未在工单列支,请及时通知前台接待。
2. 外观类附件有瑕疵、磕碰须直接更换。

### 步骤七 保险杠的装配与调整

保险杠安装前,首先检查漆膜情况,按拆卸的倒序安装。各部件装配后须及时检查确认,并按照车身维修手册调整间隙。

**注意:**

1. 按照维修手册规定的扭矩紧固螺栓和螺钉。
2. 务必更换一次性螺栓及卡扣。
3. 安装部件前,须清洁固定夹和配合面。
4. 安装中网(散热器格栅)、雾灯格栅、雷达及摄像头时,须注意保护漆面。
5. 确保各线束插接器接触良好,并测试电器是否正常工作。
6. 保险杠务必要安装到位,配合间隙与面差应符合厂家标准。

### 实操活动与评价

**实操活动:** 保险杠拆装与调整

**活动说明:**

(1) 保险杠拆装前,按要求做好车辆防护与人员防护。
(2) 保险杠拆装前,按要求检查各类附件是否能正常工作。
(3) 根据所学相关知识,按要求拆卸前保险杠及其附件。
(4) 根据所学相关知识,按要求装配并调整前保险杠及其附件。
(5) 单人操作(在拆下和安装保险杠时需要另外一人协助)。
(6) 限时 60 分钟。

前保险杠拆装与
调整(视频)

## 活动评价：

请根据活动完成情况填写表 2-1-1。

表 2-1-1　前保险杠拆装与调整评分表

学员编号：　　　　学员姓名：　　　　总得分：

| 关键能力 | 说明 | 分值 | 得分 | 扣分说明 |
| --- | --- | --- | --- | --- |
| 查询维修手册(资料) | 可以正确获取保险杠拆装信息 | 5 | | |
| 拆装过程使用安全防护用品 | 车辆防护设施(5 分)缺一项扣 3 分<br>个人防护(5 分)缺一项扣 3 分 | 10 | | |
| 工具设备使用 | 能正确使用举升机(10 分)<br>能正确选择合适的拆装工具(10 分) | 20 | | |
| 检查保险杠电子器件 | 拆装前能正确检查保险杠上电器件功能(10 分) | 10 | | |
| 断开蓄电池负极 | 能正确拆卸蓄电池负极(5 分) | 5 | | |
| 保险杠拆卸 | 能正确从车身上取下保险杠(5 分)<br>能正确断开线束连接器(5 分) | 10 | | |
| 保险杠及附件检查 | 能正确检查保险杠及附件损伤情况(5 分) | 5 | | |
| 保险杠装配与调试 | 每一部件都能正确安装与调试,无返工现象 | 20 | | |
| 零部件存放 | 各类螺栓与部件的标记存放、保险杠漆面保护 | 5 | | |
| 整个活动期间学员的工作规范 | 无暴力拆除及安装、拆装后工具设备归位、清洁拆装相关区域(车辆、工具、地面) | 5 | | |
| 工作素养 | 工具正确使用、工作过程中 7S、物料节约等 | 5 | | |

评估人员姓名：　　　　日期：

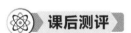

## 课后测评

测试题请扫描二维码。

测试题

# 任务二　前翼子板拆装与调整

## 学习目标

1. 能正确拆卸、调整、装配前翼子板及其附件。
2. 能正确调整翼子板与周围零件配合间隙使其符合厂家质量要求。
3. 能按厂家要求更换一次性紧固件,螺栓扭矩符合厂家要求。
4. 树立服务意识和规范意识,增强质量意识和效率意识,培养爱岗敬业的职业态度和严谨务实的工作作风。

## 情景导入

如图2-2-1所示,某车辆发生事故,前翼子板受损,需更换,该如何操作?

图2-2-1　前翼子板受损

## 任务描述

前翼子板拆装与调整是车身外覆盖件维修的典型工作任务之一,该任务包含前翼子板及其内衬拆装、车轮拆装、前翼子板间隙和面差调整。通过本任务学习后,能拆装前翼子板及相关部件,并能检查和调整前翼子板与发动机罩、前保险杠、前大灯、车门等的配合间隙。

## 任务分析

前翼子板拆装与调整主要是拆卸前翼子板及其附件,调整翼子板和相邻部件之间的间隙。拆卸翼子板和附件时,建议拆除车轮;调整翼子板时,须先调整与车门、机盖之间的间隙与面差。

## 任务准备

### 一、前翼子板及其附件认知

1. **前翼子板** 位于车身前部两侧,由早期汽车车轮的挡泥板演变而来,因其形似鸟翼而得名,通常由塑料或金属材料制成,是遮盖车轮的车身外板,如图2-2-2所示。

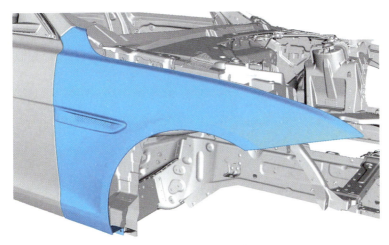

图2-2-2 前翼子板

2. **翼子板内衬** 是一种塑料件,安装在翼子板内侧,能有效阻隔尘土和泥沙等,如图2-2-3所示。

图2-2-3 翼子板内衬

### 二、前翼子板拆装与调整准备

1. **维修班组成员**

□组长 □操作员 □质检员 其他_____

2. **检查场地**

□是否明亮 □施工区域是否安全 □气源安全 □电源安全
□工位场地面积_____ 现场人数_____

2-11

### 3. 设备工具

☐套筒工具　☐螺丝刀套装　☐卡扣拆装工具　☐T20星形扳手　☐T25星形扳手
☐T30星形扳手　☐扭力扳手　☐举升机　☐工具车　其他_____

### 4. 安全防护

☐工作服　☐工作鞋　☐棉线手套　☐防尘口罩　☐护目镜　☐耳塞/耳罩
其他_____

### 5. 产品耗材

☐车辆防护垫三件套　☐一次性座椅垫　☐一次性脚垫　☐生料带　☐电工胶带
☐塑料卡扣　其他_____

## 任务实施

**步骤一　阅读工单、环车检查**

同本项目任务一步骤一。

**学习检测：**
- 工单车辆信息与车辆是否一致：☐是　☐否
- 车损情况是否与工单记录一致：☐是　☐否
- 是否能按时完成维修工作：☐是　☐否

**步骤二　拆装工作准备**

同本项目任务一步骤二。

**学习检测：**
- 是否安装一次性车辆保护用品：☐是　☐否
- 维修人员是否穿戴个人安全防护用品：☐是　☐否
- 是否测试前大灯、转向灯以及其他附件：☐是　☐否

**步骤三　断开蓄电池负极**

同本项目任务一步骤三。

**学习检测：**
- 为什么要断开蓄电池负极？
- 能正确区分蓄电池的正负极：红色盖帽_____（正极/负极）

**步骤四　拆除前保险杠**

同本项目任务一步骤四。

**学习检测：**
- 前保险杠拆卸后是否注意漆面保护：□是　□否
- 是否标记不同紧固件的安装位置与数量：□是　□否
- 线束插接器分离后是否及时保护：□是　□否
- 附件分离后注意重要器件妥善放置，注意保护。

### 步骤五　查阅维修手册
确定后续各部件的拆卸流程。

**流程标记：**
- 
- 
- 

### 步骤六　拆卸前大灯
前大灯一般通过定位"灯脚"、螺栓及卡扣等固定。
拆卸方法：(1) 断开大灯线束插接器。
　　　　　(2) 拆除大灯固定螺栓。
　　　　　(3) 用内饰工具松开卡扣。
　　　　　(4) 用手掌拍击，如图 2-2-4 中箭头所示方向。
　　　　　(5) 取下大灯，用泡沫薄膜包裹后妥善放置。

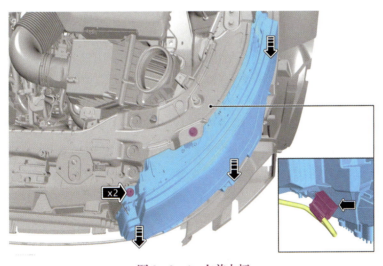

图 2-2-4　左前大灯

**注意：**
1. 大灯拆卸后须及时检查有无损伤。
2. 拆装过程中须保护灯罩。
3. 大灯"灯脚"折断请及时更换，不建议胶粘维修。

### 步骤七　拆卸前翼子板护板

若翼子板下端有护板（裙边护板）保护，须先行拆除，如图2-2-5所示。

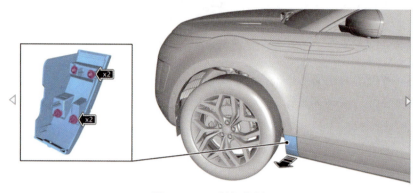

图2-2-5　拆卸护板

> **注意：**
> 1. 拆装前须阅读维修手册，明确卡扣位置和类型。
> 2. 护板为卡扣固定，施力时须注意方向和大小。
> 3. 护板紧固卡扣为一次性使用，安装时须更换。
> 4. 安装卡扣至完全锁紧时，可以听到"咔哒"声。
> 5. 翼子板轮眉拆装方法及注意事项与翼子板护板相似。

### 步骤八　拆卸前车轮及翼子板内衬

拆除翼子板及其内衬时，若操作空间受限，须先行拆除车轮。
（1）依次松开车轮紧固螺母（防盗套或防盗螺母，须用专用工具拆除）。
（2）举升（或顶升）车辆，用支撑台支撑。
（3）用套筒工具拆除车轮紧固螺母。
（4）取下车轮。

车辆举升与顶升

> **注意：**
> 1. 拆卸和安装时，建议使用手动工具。
> 2. 车轮较重，车轮拆卸、搬动和安装时须注意安全。
> 3. 安装车轮时，须按图2-2-6所示顺序拧紧螺母（螺栓）。
> 4. 螺母（螺栓）须按扭矩要求分3次拧紧（后两次在轮胎落地后紧固）。

翼子板内衬拆除及注意事项，详见任务一步骤四。

### 步骤九　拆卸前翼子板

（1）拆卸前翼子板固定螺栓或卡扣：翼子板大致有前部、后部、上部、下部4个部位固定，如图2-2-7所示。拆卸左前翼子板连接螺栓，应参阅维修手册，逐个拆除。

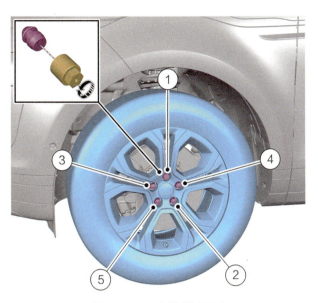

图 2-2-6 车轮紧固顺序

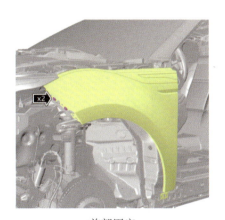

前部固定

后部固定

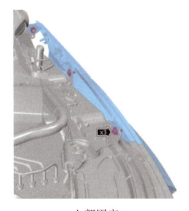

上部固定

下部固定

图 2-2-7 翼子板固定的 4 个部位

> **注意:**
> 1. 若翼子板无位移,须在拆卸前做好位置标记,便于安装。
> 2. 建议最后拆卸翼子板后部的固定螺栓。
> 3. 若拆除后部螺栓时,操作空间受限,可先行拆除前车门。

(2) 取下翼子板,如图2-2-8所示。

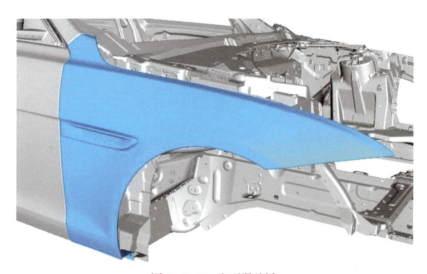

**图 2-2-8 取下翼子板**

**步骤十　安装与调整**

翼子板安装前,首先检查漆膜情况,按拆卸的倒序安装。

翼子板相邻部件较多,各部件装配后须及时检查确认,并按照车身维修手册调整间隙,如图2-2-9所示。

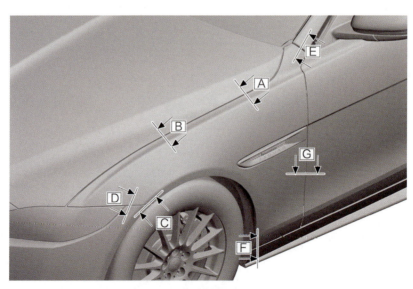

**图 2-2-9 检查配合间隙**

(1) 调整翼子板与车门之间的面差与间隙,紧固后部固定螺栓。
(2) 调整翼子板与发动机罩之间的面差与间隙,紧固前部固定螺栓。
(3) 调整翼子板与车门下部的面差与间隙,紧固下部的固定螺栓。
(4) 调整翼子板与前大灯、前保险杠的间隙与面差。

**注意:**
1. 安装部件前,须清洁固定夹和配合面。
2. 务必更换一次性螺栓及卡扣。
3. 将翼子板预固定后,先检查间隙与面差。
4. 翼子板务必安装到位,配合间隙与面差应符合厂家标准。
5. 按照维修手册规定的扭矩紧固螺栓和螺钉。

### 实操活动与评价

前翼子板拆装与调整(视频)

**实操活动:** 前翼子板拆装与调整
**活动说明:**
(1) 前翼子板拆装前,按要求做好车辆防护与人员防护。
(2) 前翼子板拆装前,按要求检查各类附件是否能正常工作。
(3) 根据所学相关知识,按要求拆卸前翼子板及其附件。
(4) 根据所学相关知识,按要求装配并调整前翼子板及其附件。
(5) 单人操作(在拆下和安装前翼子板时需要另外一人协助)。
(6) 限时60分钟。

**活动评价:**
请根据活动完成情况填写表2-2-1。

表2-2-1 前翼子板拆装与调整评分表

学员编号: 　　　　学员姓名: 　　　　总得分:

| 关键能力 | 说明 | 分值 | 得分 | 扣分说明 |
| --- | --- | --- | --- | --- |
| 查询维修手册(资料) | 可以正确获取前翼子板拆装信息 | 5 | | |
| 拆装过程使用安全防护用品 | 车辆防护设施(5分)缺一项扣3分<br>个人防护(5分)缺一项扣3分 | 10 | | |
| 工具设备使用 | 能正确使用举升机(10分)<br>能正确选择合适的拆装工具(10分) | 20 | | |
| 保险杠局部拆卸 | 能正确拆卸保险杠(根据需要半拆或全拆)(10分) | 10 | | |
| 前大灯拆卸 | 能正确拆卸前大灯(5分) | 5 | | |
| 翼子板内衬拆卸 | 能正确拆卸翼子板内衬(5分) | 5 | | |
| 翼子板拆卸 | 能正确从车身上取下翼子板(10分) | 10 | | |

续　表

| 关键能力 | 说明 | 分值 | 得分 | 扣分说明 |
|---|---|---|---|---|
| 装配与调试 | 每一部件都能正确安装与调试,无返工现象 | 20 | | |
| 零部件存放 | 各类螺栓与部件的标记存放、翼子板漆面保护 | 5 | | |
| 整个活动期间学员的工作规范 | 无暴力拆除及安装、拆装后工具设备归位、清洁拆装相关区域(车辆、工具、地面) | 5 | | |
| 工作素养 | 工具正确使用、工作过程中 7S、物料节约等 | 5 | | |

评估人员姓名：　　　　　日期：

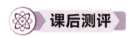

测试题请扫描二维码。

测试题

# 任务三　发动机罩拆装与调整

## 学习目标

1. 能正确拆卸、安装发动机罩，并调整装配间隙。
2. 能更换发动机罩的锁扣与拉线。
3. 培养严谨细致、认真负责的工作态度，增强质量意识。

## 情景导入

一辆轿车的前部发生碰撞，发动机罩受损严重，如图2-3-1所示，现需拆卸发动机罩并予以更换。

图2-3-1　事故车

## 任务描述

发动机罩的拆装与调整是车身外板件拆装与调整的典型工作任务之一。通过本任务学习后能拆装与调整发动机罩，更换锁扣、拉线等。

## 任务分析

发动机罩的拆装与调整主要是对发动机罩总成及其附件（缓冲胶墩、隔音隔热垫、风挡玻璃冲洗器喷嘴及软管等）拆卸、检查和安装。在作业过程中需要调整外板件的装配间隙，对已完成涂装作业的发动机罩总成应避免磕碰及划伤漆面。

## 任务准备

### 一、发动机罩与附件认知

1. **发动机罩**　又称机盖，一般由外板"蒙皮"和内板"骨架"，通过折边、胶粘及局部点焊连接而成。外板"蒙皮"主要展现汽车的美学设计,如图2-3-2所示。内板"骨架"起支撑作用,如图2-3-3所示。

图2-3-2　发动机罩正面　　　　图2-3-3　发动机罩背面(不含隔热棉)

大多数轿车的发动机罩材质主要是镀锌钢板或铝合金。

大多数轿车的发动机罩开启方式一般为前掀式,如图2-3-4所示,少数车型的发动机罩开启方式为后掀式。

图2-3-4　前掀式

**2. 隔音隔热棉**　安装在发动机罩内侧,通常采用塑料卡扣固定在发动机罩内板"骨架"上,具有吸音、隔热、阻燃的作用,如图2-3-5所示。

图2-3-5　隔音隔热棉

3. **锁扣及拉线** 锁扣是车辆行驶中,确保发动机罩始终处于良好锁闭状态的重要装置(有两个锁止挡位),由螺栓固定在散热器支架上,如图 2-3-6 所示。拉线为钢丝材质,外附塑料管包裹,如图 2-3-7 所示,其可分为整体和分段式两类。

图 2-3-6 发动机罩锁扣

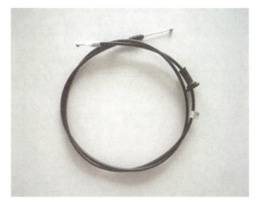
图 2-3-7 拉线

4. **铰链** 通常为钢制零件,用螺栓(螺母)将发动机罩(图 2-3-8)固定在车身上,便于发动机罩顺利开启和闭合。

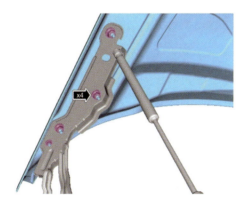
图 2-3-8 机罩铰链

5. **缓冲块** 其材质为橡胶,如图 2-3-9 所示。通常安装在发动机罩前端或散热器支架两侧。其作用主要是闭合发动机罩时缓和冲击,闭合后缓冲块受压产生弹力以保持发动机罩的良好锁闭状态。维修时,可通过旋转缓冲块,调整发动机罩前端的面差和间隙。

## 二、发动机罩拆装准备

1. **维修班组成员**

□组长　□操作员　□质检员　其他_____

2. **检查场地**

□是否明亮　□施工区域是否安全　□气源安全　□电源安全
□工位场地面积_____　现场人数_____

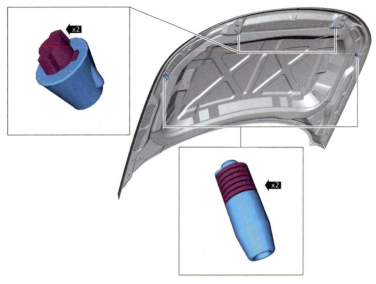

图 2-3-9 缓冲块

3. 设备工具

□套筒工具　□螺丝刀套装　□工具车　其他_____

4. 安全防护

□工作服　□工作鞋　□棉线手套　□防尘口罩　□护目镜　□耳塞/耳罩　其他_____

5. 产品耗材

□车辆防护垫三件套　□一次性座椅垫　□一次性脚垫　其他_____

### 任务实施

**步骤一　阅读工单、环车检查**

同本项目任务一步骤一。

学习检测：
- 工单车辆信息与车辆是否一致：□是　□否
- 车损情况是否与工单记录一致：□是　□否
- 是否能按时完成维修工作：□是　□否

**步骤二　拆装工作准备**

同本项目任务一步骤二。

**学习检测：**
  是否安装一次性车辆保护用品：□是  □否
  维修人员是否穿戴个人安全防护用品：□是  □否

### 步骤三　打开并支撑发动机罩
（1）扳动发动机罩拉手，解除锁止。
（2）左右或上下拨动锁扣，解除发动机罩保险状态。
（3）掀起发动机罩，用支撑杆支撑，如图 2-3-10 所示。

图 2-3-10　打开并支撑发动机罩

**注意：**
1. 发动机罩锁扣拉手一般设置于驾驶位的仪表台下方。
2. 锁扣一般位于散热器支架中间或两侧。
3. 支撑发动机罩须确保稳固。

**流程标记：**
- 
- 
- 
- 

### 步骤四　查阅维修手册
确定后续各部件的拆卸流程。

### 步骤五　拆除发动机罩相关附件
（1）取下缓冲块、拆除密封条。
（2）拆除卡扣，取下隔音隔热垫，如图 2-3-11 所示。
（3）断开软管，拆卸风挡玻璃冲洗器喷嘴，抽出软管。

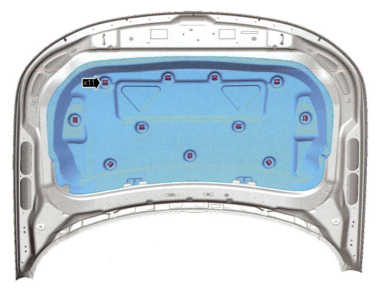

图 2-3-11 拆除隔音隔热垫等附件

**注意:**
1. 须做好前保险杠、左右翼子板、大灯、挡风玻璃的保护。
2. 拆除风挡玻璃冲洗器喷嘴时注意废液收集,并用夹子夹紧软管。
3. 检查各附件是否受损,并妥善放置。

**步骤六　拆除发动机罩**

(1)标记发动机罩与铰链位置,旋松固定螺母。

(2)收拢支撑杆,双人配合取下固定螺母,抬下发动机罩,如图 2-3-12 所示。

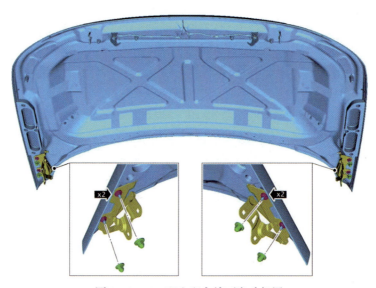

图 2-3-12 双人配合抬下发动机罩

(3)发动机罩拆卸后,放置于专用台架上或用泡沫薄膜包裹后妥善放置。

**注意：**
1. 拆卸和安装时，建议使用手动工具。
2. 拆除螺栓时，须防止发动机罩滑落损坏风挡玻璃。
3. 拆卸、搬动和安装发动机罩时，须谨慎操作，确保安全。

### 步骤七 检查锁扣、接线及铰链

拆装过程中，若发动机罩不能正常开合或锁闭，须检查发动机罩锁扣、拉线及铰链。

**检查要点：**
- 检查铰链：□变形 □磨损 □润滑不良
- 检查锁扣：□变形 □磨损 □润滑不良
- 检查拉线：□损坏 □脱钩 □润滑不良

**检查结果：**
铰链：□维修 □更换
锁扣：□维修 □更换
拉线：□维修 □更换

如需更换锁扣及拉线，可参考以下步骤：
（1）拆除锁扣固定螺栓，分离拉线与锁扣，如图 2-3-13 所示。

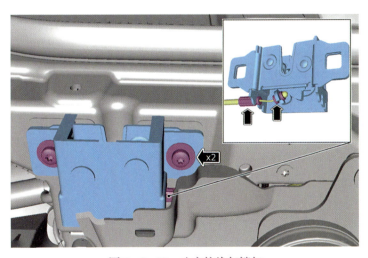

图 2-3-13 分离拉线与锁扣

（2）拆下发动机罩锁扣拉手及相关内饰盖板。
（3）取下防水堵，抽出拉线。
（4）按拆卸步骤倒序装配。
（5）装配后，预紧固定螺母，待发动机罩安装、调整到位，按规定力矩拧紧。

**注意：**
1. 安装前，须清洁固定夹和配合面。

2. 安装时，须更换一次性紧固件。
3. 防水堵须妥善安装，以免进水。
4. 安装后，须及时检查，确保工作性能正常。

如需更换铰链，可参考以下步骤：
（1）标记铰链与车身的装配位置。
（2）拆除铰链固定螺母，取下铰链。
（3）按拆卸步骤倒序装配。
（4）装配后，预紧固定螺母，待发动机罩安装、调整到位，按规定力矩拧紧。

注意：
1. 安装部件前，须清洁配合面。
2. 按标记位置安装铰链。

**步骤八　安装发动机罩及附件**

按拆卸步骤倒置装配，各部件装配后，须及时检查，确认功能正常。

注意：
1. 安装时，须保护漆面和风挡玻璃。
2. 须及时更换一次性紧固件。
3. 风挡玻璃冲洗器喷嘴及软管若有破损，须及时更换。

**步骤九　调整发动机罩**

缓慢闭合发动机罩，检查其与相邻部件间的装配间隙及面差是否符合厂家标准。

注意：
1. 确保发动机舱未遗留工具、设备或附件等。
2. 确保操作人员的手离开发动机舱，培养安全意识。

检查要点：
- 检查发动机罩与相邻部件间的面差是否一致。
- 检查发动机罩与相邻部件间隙是否均匀。
- 检查发动机罩开合、锁闭是否顺畅、到位。

检查结果：
是否需要调整面差：□是　□否
是否需要调整间隙：□是　□否
是否需要调整锁扣位置：□是　□否

若需调整，可参考以下步骤：
（1）调整面差：可借助铰链、缓冲块调整发动机罩的高度，确保面差符合标准。
（2）调整间隙
1）发动机罩后端间隙调整：松开发动机罩与铰链的固定螺母，根据预判将发动机罩向间隙大的一侧挪动后拧紧螺母,闭合发动机罩,再次检查间隙。

2)发动机罩前端间隙调整:松开锁扣固定螺母,根据预判将锁扣向间隙大的一侧挪动后拧紧螺母,闭合发动机罩,再次检查间隙。注意应同时保证发动机罩开合、锁闭正常。

按上述步骤反复调整,直至面差、间隙均符合标准,最后按要求紧固螺栓。

**调整效果:**
　　面差:
　　间隙:
　　锁扣位置:

## 实操活动与评价

**实操活动:**发动机罩拆装与调整

**活动说明:**

(1) 发动机罩拆装前,按要求做好车辆防护与人员防护。

(2) 发动机罩拆装前,按要求检查各类附件是否能正常工作。

(3) 根据所学相关知识,按要求拆卸前发动机罩及其附件。

(4) 根据所学相关知识,按要求装配并调整发动机罩及其附件。

(5) 单人操作(在拆下和安装发动机罩时需要双人协作)。

(6) 限时60分钟。

**活动评价:**

请根据活动完成情况填写表2-3-1。

发动机罩拆装与调整(视频)

表2-3-1　发动机罩拆装与调整评分表

学员编号:　　　学员姓名:　　　总得分:

| 关键能力 | 说明 | 分值 | 得分 | 扣分说明 |
| --- | --- | --- | --- | --- |
| 查询维修手册(资料) | 可以正确获取发动机罩拆装信息 | 5 | | |
| 拆装过程使用安全防护用品 | 车辆防护设施(5分)缺一项扣3分<br>个人防护(5分)缺一项扣3分 | 10 | | |
| 发动机罩及其附件拆装 | 能正确拆装冲洗器喷嘴及其软管(6分)<br>能正确拆装发动机罩锁扣与拉线(14分)<br>能正确拆装铰链(5分)<br>能正确拆卸密封条(3分)<br>能正确拆卸缓冲胶墩(3分)<br>能正确拆卸隔音隔热垫(5分)<br>能正确拆装发动机罩(14分) | 50 | | |
| 装配与调试 | 每一部件都能正确安装与调试,无返工现象 | 20 | | |
| 零部件存放 | 各类螺栓与附件按标记存放、发动机罩保护、内饰板保护 | 5 | | |

续表

| 关键能力 | 说明 | 分值 | 得分 | 扣分说明 |
|---|---|---|---|---|
| 整个活动期间学员的工作规范 | 无暴力拆除及安装、拆装后工具设备归位、清洁拆装相关区域(车辆、工具、地面) | 5 | | |
| 工作素养 | 工具正确使用、工作过程中7S、物料节约等 | 5 | | |

评估人员姓名： 日期：

### 课后测评

测试题请扫描二维码。

测试题

# 任务四　车门拆装与调整

### 学习目标

1. 能正确拆卸、安装车门,更换铰链。
2. 能正确调整车门的装配间隙,调整后符合厂家要求。
3. 培养严谨细致、认真负责的工作态度,增强质量意识和效率意识,增强团队意识和沟通意识。

### 情景导入

一辆轿车的右后门在开关车门的过程中铰链伴有异响,经润滑处理后仍无改善,如图2-4-1所示,现需拆卸车门并更换铰链。

图2-4-1　车门铰链

### 任务描述

车门的拆装与调整是车身外板件拆装与调整的典型工作任务之一。通过本任务学习后能正确拆装车门,更换铰链,安装后调整车门装配面差和间隙。

### 任务分析

车门的拆装与调整主要是对车门总成、铰链及线束的拆卸、检查和安装。在作业过程中需要调整车门的装配间隙,避免损坏漆面和内饰板。

### 任务准备

一、车门与附件认知

**1. 车门**　是车身的重要组成部分,一般由门架、蒙皮、窗框、防撞杆、车门铰链等组成,是乘客上下车的"通道",并起到保护作用,如图2-4-2所示。车门上常安装有内饰板、车窗玻璃及升降器、车门锁、扬声器等。

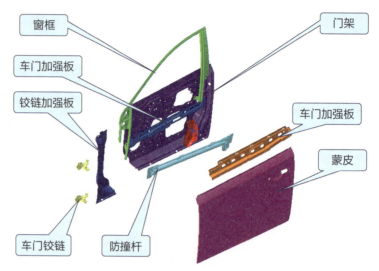

图2-4-2 车门门体组成

车门的开闭方式有顺开式、对开式(图2-4-3)、推拉式、上掀式、折叠式等,其中以顺开式车门应用最普遍。

图2-4-3 对开式车门

**2. 车门铰链** 连接立柱和车门,便于车门开合、锁闭。通常由螺栓固定于车门和立柱,如图2-4-4所示。

**3. 车门限位器** 一端固定于立柱,另一端固定于车门,如图2-4-5所示。用于限制车门开度,通常有2~3个限位点。

图 2-4-4 车门铰链

图 2-4-5 车门限位器

## 二、车门拆装准备

**1. 维修班组成员**

□组长　□操作员　□质检员　其他_____

**2. 检查场地**

□是否明亮　□施工区域是否安全　□气源安全　□电源安全
□工位场地面积_____　现场人数_____

**3. 设备工具**

□套筒工具　□螺丝刀套装　□工具车　□千斤顶　□橡胶垫　其他_____

4. 安全防护

□工作服　□工作鞋　□棉线手套　□防尘口罩　□护目镜　□耳塞/耳罩　其他_____

5. 产品耗材

□车辆三件套　□一次性座椅垫　□一次性脚垫　□胶带　其他_____

### 任务实施

**步骤一　阅读工单、环车检查**

同本项目任务一步骤一。

学习检测：
- 工单车辆信息与车辆是否一致：□是　□否
- 车损情况是否与工单记录一致：□是　□否
- 是否能按时完成维修工作：□是　□否

**步骤二　拆装工作准备**

（1）同本项目任务一步骤二。

学习检测：
- 是否安装一次性车辆保护用品：□是　□否
- 维修人员是否穿戴个人安全防护用品：□是　□否
- 是否测试前大灯、转向灯以及其他附件：□是　□否

（2）漆面保护：用胶带贴护拆卸的车门及相关部件，避免损伤漆面，如图2-4-6所示。

图2-4-6　漆面保护

### 步骤三　断开蓄电池负极

同本项目任务一步骤三。

**学习检测：**
- 为什么要断开蓄电池负极？
- 能正确区分蓄电池的正负极：红色盖帽_____（正极/负极）

### 步骤四　分离线束

线束一般从立柱中下部的线束穿孔接入车门，由橡胶保护套密封，防尘防水。撬出橡胶保护套，露出线束后断开线束插接器，如图2-4-7所示。

图2-4-7　断开线束

**注意：**
　　1.断开线束插接器后，建议用塑料薄膜捆扎保护。若线束过长可用胶带固定。
　　2.若车门线束无法断开，需拆除车门内饰板，断开车门内用电设备插接器后，将线束抽出。

### 步骤五　拆除限位器螺栓

将车门拉到最大开度，拆除车门限位器与立柱连接的螺栓，如图2-4-8所示。

**注意：**
　　1.拆除前，确认车门处于最大开度。
　　2.若需更换车门限位器应先拆除车门内饰板、扬声器等附件。
　　3.安装前，须清洁配合面。
　　4.装配时应按规定力矩拧紧。

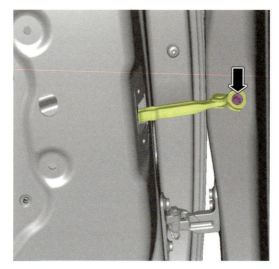

图 2-4-8 拆除限位器螺栓

**步骤六 支撑车门**

开启车门至适当开度,用专用支架或千斤顶配合橡胶垫撑顶车门,如图 2-4-9 所示。

图 2-4-9 车门支撑架

> **注意:**
> 1. 支撑车门须确保稳固。
> 2. 不宜过度撑顶,橡胶垫与车门紧密接触即可。

**步骤七 拆卸车门及铰链**

查阅维修手册,确定车门及铰链的拆卸流程。

> **流程标记:**
> - 
> - 
> -

(1) 分别标记车门、立柱与铰链的安装位置。
(2) 分 2~3 次松开固定螺栓,如图 2-4-10 所示。
(3) 双人协作拆除车门与铰链的固定螺栓,卸下车门并妥善放置。
(4) 拆除立柱与铰链的固定螺栓,取下铰链。

图 2-4-10　松开铰链固定螺栓

**注意:**
1. 拆卸和安装时,建议使用手动工具。
2. 建议先拆下铰链螺栓,后拆上铰链螺栓。
3. 拆除螺栓时,须防止车门倒落损坏。
4. 拆卸、搬动和安装车门时,须谨慎操作,确保安全。
5. 车门应直立放置,接触点及车门内饰板须铺设(包裹)纸板或泡沫,以免损坏。

**检查要点:**
- 线束插接器:□破损　□锈蚀　□接触不良
- 铰链:□变形　□磨损　□润滑不良
- 限位器:□变形　□磨损　□润滑不良

**检查结果:**
插接器:□维修　□更换
铰链:□维修　□更换
限位器:□维修　□更换

### 步骤八　车门调整

缓慢闭合车门,检查其与相邻部件间装配间隙及面差是否符合厂家标准。

**注意:**
应谨慎操作,避免手部挤伤。

**检查要点:**
- 检查车门与相邻部件间的面差是否一致。

- 检查车门与相邻部件间隙是否均匀。
- 检查车门开合、锁闭是否顺畅、到位。

**检查结果：**
　　是否需要调整面差：□是　　□否
　　是否需要调整间隙：□是　　□否
　　是否需要调整锁扣位置：□是　　□否

若需调整,可参考以下方法:

松开铰链与车门或铰链与立柱的固定螺栓,根据预判将车门向面差或间隙大的一侧挪动后拧紧螺栓,闭合车门,再次检查。注意应同时保证车门开合、锁闭正常,有需要时可松开车门锁扣固定螺栓,微调锁扣位置。

按上述方法反复调整,直至面差、间隙均符合标准,最后按要求紧固螺栓。

**调整效果：**
　　面差：
　　间隙：
　　锁扣位置：

**步骤九　车门及其附件安装**

按拆卸步骤倒序装配,各部件装配后,须及时检查,确认功能正常。

**注意：**
1. 安装时,须注意保护漆面和内饰板。
2. 车门铰链、限位器、线束插接器等若有损坏,须及时更换。
3. 线束须插接牢固,橡胶件安装妥善。安装后,须及时检查,确保电器设备工作正常。
4. 装配后,预紧固定螺母,待车门调整到位,按规定力矩拧紧。
5. 拆装车辆前门时,若操作空间受限须先拆卸前翼子板。
6. 若无须更换铰链,建议仅分离铰链,以减少车门调整的工作量。

### 实操活动与评价

**实操活动：车门拆装与调整**

**活动说明：**

(1) 车门拆装前,按要求做好车辆防护与人员防护。
(2) 车门拆装前,按要求检查各类车门附件是否能正常工作。
(3) 根据所学相关知识,按要求拆卸与检查车门。
(4) 根据所学相关知识,按要求装配并调整车门间隙与开合顺畅。
(5) 双人操作。
(6) 限时 30 分钟。

车门拆装与调整
（视频）

**活动评价:**

请根据活动完成情况填写表 2-4-1。

表 2-4-1 车门的拆装与调整评分表

学员编号:　　　学员姓名:　　　总得分:

| 关键能力 | 说明 | 分值 | 得分 | 扣分说明 |
|---|---|---|---|---|
| 查询维修手册(资料) | 可以正确获取车门拆装信息 | 5 | | |
| 拆装过程使用安全防护用品 | 车辆防护设施(5分)缺一项扣3分<br>个人防护(5分)缺一项扣3分 | 10 | | |
| 车门及其附件拆装 | 能正确贴护车门及周围外板件(10分)<br>能正确断开电源(10分)<br>能正确拆装线束插接器(10分)<br>能正确拆装限位器与侧围固定螺栓(5分)<br>能正确取下车门铰链固定螺栓(15分)<br>能正确拆装车门(10分) | 50 | | 扣完为止 |
| 装配与调试 | 每一部件都能正确安装与调试,无返工现象(10分)<br>车门外观间隙符合要求(10分) | 20 | | |
| 零部件存放 | 各类螺栓与附件按标记存放、车门保护、内饰板保护 | 5 | | |
| 整个活动期间学员的工作规范 | 无暴力拆除及安装、拆装后工具设备归位、清洁拆装相关区域(车辆、工具、地面) | 5 | | |
| 工作素养 | 工具正确使用、工作过程中 7S、物料节约等 | 5 | | |

评估人员姓名:　　　日期:

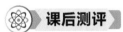

测试题请扫描二维码。

测试题

# 项目三

【 汽车车身外板件与附件拆检技术 】

## 车门附件拆检

### 项目介绍

车门附件是汽车车门的重要组成,规范并熟练的拆检车门附件是车身修复工作的基础。本项目主要介绍车门内饰板、后视镜、玻璃升降机构、车窗玻璃以及门锁机构的拆卸、检查和安装。

通过对项目知识的学习及相关技能的训练,正确认知典型车门附件的名称、类型、结构和性能特点,掌握车门内饰板、后视镜、玻璃升降机构、车窗玻璃以及门锁机构的结构特点和拆检技能,锻炼规范拆检车门附件的能力,为后续项目的学习打下基础。

### 学习导航

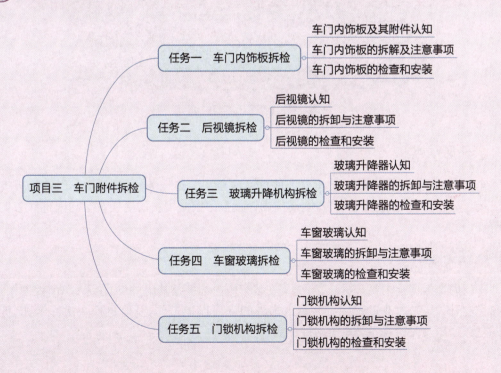

# 任务一　车门内饰板拆检

## 学习目标

1. 能拆卸、检查、安装车门内饰板及其附件。
2. 能正确选用内饰件拆装工具。
3. 培养严谨细致、认真负责的工作态度，增强质量意识和服务意识，增强安全意识和风险意识。

## 情景导入

一辆轿车前车门内饰板磕碰受损，如图3-1-1所示，现需拆卸并予以更换。

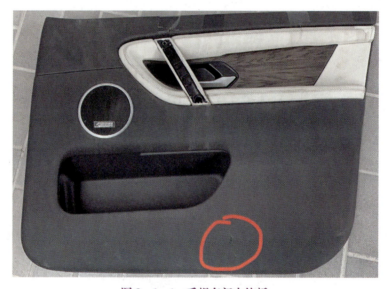

图3-1-1　受损车门内饰板

## 任务描述

车门内饰板的拆装与检查是车身饰件拆检的典型工作任务，主要包括车门内饰板拆卸与安装、车门内饰板拉线检查与复位、车门内饰板车门控制模块的更换及车门附件线束的检查等。

## 任务分析

车门内饰板拆检主要是拆卸、检查及安装车门内饰板及其附件（内拉手、车门控制模块、车窗控制开关等），作业过程中需注意内饰件的表面保护工作，及时更换一次性卡扣，拆装（或更换）后须及时检查各类电器附件功能。

## 任务准备

### 一、车门内饰板及其附件认知

车门内饰板位于车门内侧,一般由塑料(树脂)、皮革等材质制成。车门内饰板内嵌较多控制按钮,能辅助控制车身电器附件,增加驾乘人员舒适感,如图3-1-2所示。

图3-1-2 车门内饰板

### 二、车门内饰板拆检准备

**1. 维修班组成员**

□组长　□操作员　□质检员　其他_____

**2. 检查场地**

□是否明亮　□施工区域是否安全　□气源安全　□电源安全
□工位场地面积_____　现场人数_____

**3. 设备工具**

□套筒工具　□螺丝刀套装　□车门内饰拆装工具　□12 V电瓶　□带夹子导线
□吸尘器　□车辆支撑台　□工具车　其他_____

**4. 安全防护**

□工作服　□工作鞋　□棉线手套　□防尘口罩　□护目镜　□耳塞/耳罩
其他_____

### 5. 产品耗材

☐车辆防护垫三件套　☐一次性座椅垫　☐一次性脚垫　☐生料带　☐电工胶带
☐圆盘打磨砂纸(P80—120)　其他_____

## 任务实施

**步骤一　阅读工单、环车检查**

同项目二任务一步骤一。

**学习检测：**
- 工单车辆信息与车辆是否一致：☐是　☐否
- 车损情况是否与工单记录一致：☐是　☐否
- 是否能按时完成维修工作：☐是　☐否

**步骤二　拆装工作准备**

同项目二任务一步骤二。

**学习检测：**
- 是否安装一次性车辆保护用品：☐是　☐否
- 维修人员是否穿戴个人安全防护用品：☐是　☐否
- 检查玻璃升降功能是否正常：☐是　☐否
- 检查车门锁功能是否正常：☐是　☐否
- 检查车门扬声器是否正常：☐是　☐否
- 检查车门其他控制功能是否正常：☐是　☐否

**步骤三　断开蓄电池负极**

同项目二任务一步骤三。

**步骤四　拆卸车门内饰板**

查阅维修手册，确定车门内饰板的拆卸流程。

**流程标记：**
- 
- 
- 

(1) 打开车门，使车门保持最大开度，如图3-1-3所示。

(2) 参照维修手册，确认螺钉隐藏方式与位置，选择适当工具，小心撬开盖板，拆卸车门内饰板的固定螺栓(螺钉)，如图3-1-4所示。

(3) 从底部开始逐步向上分离车门内饰板边缘卡扣连接，如图3-1-5所示。

(4) 分离门锁拉线及相关线束，如图3-1-6所示，取下车门内饰板总成。

图 3-1-3　车门保持最大开度

图 3-1-4　车门内饰板固定螺栓(螺钉)

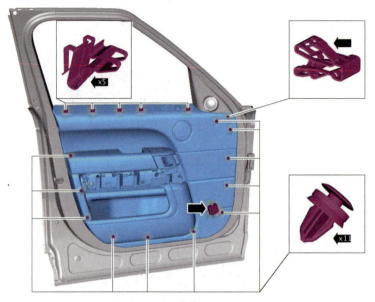

图3-1-5 车门内饰板卡扣

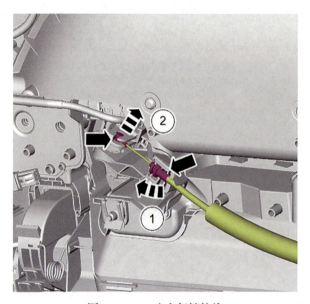

图3-1-6 分离门锁拉线

> **注意:**
> 1. 车门内饰板固定螺栓通常设计为隐藏式,须确认所有固定螺栓均已拆卸,方可进行下一步拆装。
> 2. 撬螺钉盖板时注意做好保护,避免产生撬痕。
> 3. 分离车门边缘卡扣连接时,建议从门内饰板底部起撬,建议使用较宽的楔形块。
> 4. 注意区分卡扣类型。
> 5. 拆卸后的门内饰板总成须妥善放置,避免划伤。

项目三 车门附件拆检

**步骤五　分解车门内饰板总成**

学习提示：
- 是否分解车门控制模块：□是　□否
- 是否分解车门内饰板线束：□是　□否
- 是否分解车门内饰板拉线：□是　□否
- 是否分解车门车窗等控制按钮：□是　□否
- 是否分解各类扬声器及装饰罩：□是　□否

**步骤六　安装与调整**

按拆卸倒序安装，各部件装配后，须及时检查，确认功能正常。

注意：
1. 按照维修手册规定的扭矩紧固螺栓和螺钉。
2. 务必更换一次性螺栓及卡扣。
3. 卡扣连接务必要到位（连接后听到"咔哒"一声即可）。
4. 门内饰板总成安装后，务必检查内拉手、后视镜调整开关等部件功能，确保维修质量。

### 实操活动与评价

**实操活动**：车门内饰板拆装与检查

**活动说明**：
(1) 车门内饰板拆装前，按要求做好车辆防护与人员防护。
(2) 车门内饰板拆装前，按要求检查各类附件是否能正常工作。
(3) 根据所学相关知识，按要求拆卸车门内饰板及相关附件。
(4) 根据所学相关知识，按要求装配并检查车门内饰板及其附件。
(5) 单人操作。
(6) 限时20分钟。

车门内饰板拆检
（视频）

**活动评价**：

请根据活动完成情况填写表3-1-1。

表3-1-1　车门内饰板拆装与检查评分表

学员编号：　　学员姓名：　　总得分：

| 关键能力 | 说明 | 分值 | 得分 | 扣分说明 |
|---|---|---|---|---|
| 查询维修手册(资料) | 能正确获取左前内饰板拆装信息 | 5 | | |
| 使用安全防护用品 | 车辆防护设施(5分)缺一项扣3分<br>个人防护(5分)缺一项扣3分 | 10 | | |
| 工具设备使用 | 能正确使用举升机(10分)<br>能正确选择合适的拆装工具(10分) | 20 | | |

3-7

续 表

| 关键能力 | 说明 | 分值 | 得分 | 扣分说明 |
|---|---|---|---|---|
| 是否断开蓄电池负极 | 能正确拆卸门内拉手盖(5分) | 5 | | |
| 车门内饰板拆卸 | 能正确拆卸内饰板(10分)<br>能正确拆卸前门内拉手拉线和门锁拉线(5分)<br>能正确拆卸前门各类线束连接器(5分) | 20 | | |
| 装配与调试 | 每一部件都能正确安装与调试,无返工现象(20分) | 20 | | |
| 零部件存放 | 各类螺栓与部件的标记存放,后视镜镜片、后盖、总成、车门内饰板的保护 | 10 | | |
| 整个活动期间学员的工作规范 | 无暴力拆除及安装,拆装后工具设备归位、清洁拆装相关区域(车辆、工具、地面) | 5 | | |
| 工作素养 | 工具正确使用、工作过程中7S、物料节约等 | 5 | | |

评估人员姓名： 日期：

**课后测评**

测试题请扫描二维码。

测试题

# 任务二　后视镜拆检

### 学习目标

1. 能拆卸、检查、安装后视镜总成。
2. 能分解后视镜镜片、后视镜盖及其附件。
3. 培养严谨细致、认真负责的工作态度，提高安全意识和风险意识，增强质量意识和服务意识。

### 情景导入

一轿车发生刮擦事故，左侧后视镜折断，如图3-2-1所示，现需拆卸并予以更换。

图3-2-1　受损后视镜

### 任务描述

后视镜的拆装与检查是车身饰件拆检的典型工作任务之一。主要包括后视镜总成的拆卸与安装，后视镜镜片、后视镜盖、电机等附件的拆解与更换。

### 任务分析

汽车后视镜拆检主要是拆卸、检查及安装后视镜总成及其附件（后视镜镜片、后视镜盖、电机等），作业过程中需注意保护镜片以及密封垫更换。

## 任务准备

### 一、后视镜认知

后视镜可帮助驾驶员扩大侧后方视野，通常安装在前车门左右两侧，如图 3-2-2 所示。随着技术进步，后视镜功能也越来越丰富，如电动调节、自动折叠、防起雾、位置记忆、倒车自动下翻、行车监控、盲点监测等。

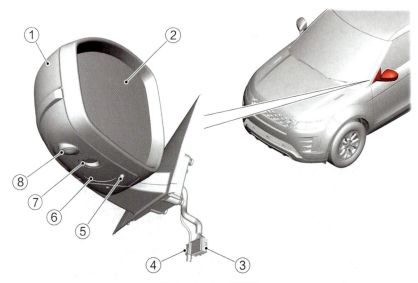

图 3-2-2 后视镜

①后视镜盖；②后视镜玻璃；③后视镜线束；④传感器线束；⑤环境温度传感器；⑥照明灯；⑦涉水传感器；⑧摄像头

### 二、后视镜拆检准备

**1. 车身维修班组成员**

□组长 □操作员 □质检员 其他_____

**2. 检查场地**

□是否明亮 □施工区域是否安全 □气源安全 □电源安全
□工位场地面积_____ 现场人数_____

**3. 设备工具**

□套筒工具 □螺丝刀套装 □内饰拆装工具 □12V电瓶 □带夹子导线
□后视镜拆装专用工具 □吸尘器 □车辆支撑台 □工具车 其他_____

**4. 安全防护**

□工作服 □工作鞋 □棉线手套 □防尘口罩 □护目镜 □耳塞/耳罩
其他_____

5. **产品耗材**

□车辆防护垫三件套　　□一次性座椅垫　　□一次性脚垫　　□生料带　　□电工胶带
□圆盘打磨砂纸(P80—120)　其他_____

### 任务实施

**步骤一　阅读工单、环车检查**

同项目二任务一步骤一。

学习检测：
- 工单车辆信息与车辆是否一致：□是　　□否
- 车损情况是否与工单记录一致：□是　　□否
- 是否能按时完成维修工作：□是　　□否

**步骤二　拆装工作准备**

同项目二任务一步骤二。

学习检测：
- 是否安装一次性车辆保护用品：□是　　□否
- 维修人员是否穿戴个人安全防护用品：□是　　□否
- 检查镜片调整功能是否正常：□是　　□否
- 检查后视镜折叠功能是否正常：□是　　□否
- 检查后视镜其他功能是否正常：□是　　□否

**步骤三　断开蓄电池负极**

同项目二任务一步骤三。

学习检测：
- 断开蓄电池前须打开后视镜：□是　　□否
- 断开蓄电池前须将车窗玻璃降至底部：□是　　□否

**步骤四　查阅维修手册**

确定后视镜及其附件的拆卸流程。

流程标记：
- 
- 
- 
- 

**步骤五　拆卸后视镜镜片及后盖**

(1) 手动调整后视镜镜片,如图3-2-3所示,使其有足够拆卸空间。

（2）在后视镜边缘贴好纸胶带，如图3-2-4所示，防止撬起镜片时，后视镜边缘漆面受损。

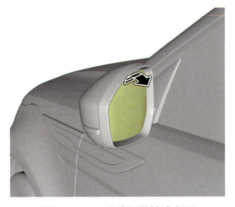

图3-2-3　手动调整镜片位置

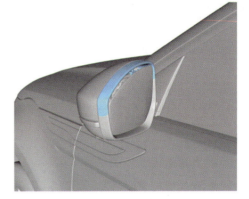

图3-2-4　贴护后视镜边缘

（3）用合适的塑料撬棒，撬开后视镜镜片，如图3-2-5所示。

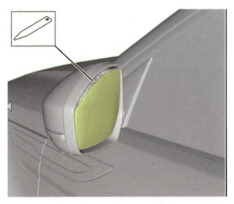

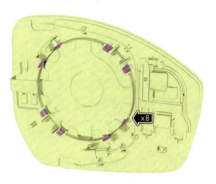

图3-2-5　撬开后视镜镜片

（4）分离后视镜镜片线束，如图3-2-6所示，做好后视镜镜片与线束端保护。

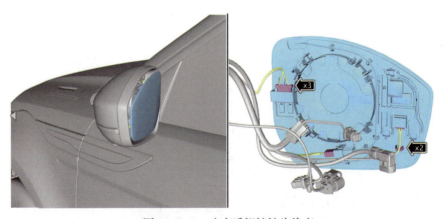

图3-2-6　分离后视镜镜片线束

(5) 撬开后视镜盖卡扣,取下后视镜盖,如图 3-2-7 所示。

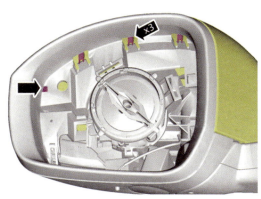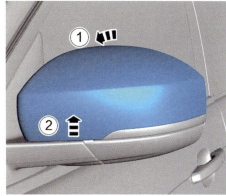

图 3-2-7 分离后视镜盖

**注意:**
1. 建议使用非金属类工具。
2. 先分离后视镜镜片、后视镜盖及各类附件,再拆卸后视镜总成。
3. 建议先取下后视镜玻璃,再分离后视镜盖。
4. 建议从上下两侧撬起镜片。
5. 取下的后视镜须妥善保管,以免损坏。

### 步骤六 拆卸后视镜总成并检查

(1) 拆卸门内饰板总成,同项目二任务一。
(2) 拆卸车门窗框固定螺栓(螺钉),松开线束插接件,如图 3-2-8 所示,取下窗框饰条。

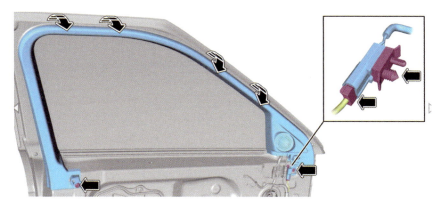

图 3-2-8 拆卸窗框饰条

(3) 拆卸后视镜固定螺栓,分离线束插接件,取下后视镜总成,如图 3-2-9 所示。
(4) 拆下后视镜密封件,如图 3-2-10 所示。

图 3-2-9 取下后视镜总成

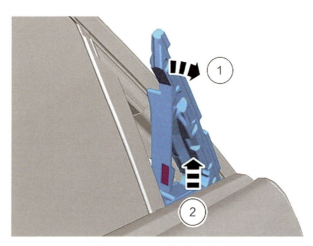

图 3-2-10 拆下密封件

**步骤七　分解后视镜总成并检查**

> **学习提示：**
> - 是否分解后视镜镜片调整电机：□是　□否
> - 是否分解转向灯(迎宾灯)：□是　□否
> - 是否分解后视镜折叠线束：□是　□否
> - 是否分解摄像头等电子元器件：□是　□否

**步骤八　安装与调整**

按拆卸倒序安装，各部件装配后，须及时检查，确认功能正常。

> **注意：**
> 1. 按照维修手册规定的扭矩紧固螺栓和螺钉。
> 2. 务必更换后视镜密封垫。
> 3. 务必更换一次性螺栓及卡扣。
> 4. 卡扣连接务必要到位(连接后听到"咔哒"一声即可)。
> 5. 后视镜总成安装后，务必检查镜片调整、后视镜折叠等部件功能，确保维修质量。

**实操活动与评价**

**实操活动：** 后视镜拆装与检查

**活动说明：**

（1）后视镜拆装前，按要求做好车辆防护与人员防护。
（2）后视镜拆装前，按要求检查各类附件是否能正常工作。
（3）根据所学相关知识，按要求拆卸后视镜及其附件。
（4）根据所学相关知识，按要求装配并检查后视镜及其附件。
（5）单人操作。
（6）限时 20 分钟。

**活动评价：**

请根据活动完成情况填写表 3-2-1。

后视镜拆检
（视频）

表 3-2-1 后视镜拆装与检查评分表

学员编号： 学员姓名： 总得分：

| 关键能力 | 说明 | 分值 | 得分 | 扣分说明 |
|---|---|---|---|---|
| 查询维修手册（资料） | 能正确获取后视镜拆装信息 | 5 | | |
| 拆装准备 | 车辆防护设施(5分)缺一项扣3分<br>个人防护(5分)缺一项扣3分 | 10 | | |
| 车门内饰板拆卸 | 具体评分详见本项目任务一 | 15 | | |
| 后视镜总成拆卸 | 能正确拆卸上门框装饰板(5分)<br>能正确拆卸后视镜总成(10分)<br>能正确拆卸后视镜控制连接器(5分) | 20 | | |
| 后视镜盖拆卸 | 能正确拆卸后视镜后盖(5分) | 5 | | |
| 后视镜镜片拆卸 | 能正确拆卸后视镜镜片(5分) | 5 | | |
| 装配与调试 | 每一部件都能正确安装与调试，无返工现象 | 20 | | |
| 零部件存放 | 各类螺栓与部件的标记存放，后视镜镜片、后盖、总成、车门内饰板的保护 | 10 | | |
| 整个活动期间学员的工作规范 | 无暴力拆除及安装、拆装后工具设备归位、清洁拆装相关区域（车辆、工具、地面） | 5 | | |
| 工作素养 | 工具正确使用、工作过程中7S、物料节约等 | 5 | | |

评估人员姓名： 日期：

 **课后测评**

测试题请扫描二维码。

测试题

# 任务三  玻璃升降机构拆检

## 学习目标

1. 能拆卸、检查、安装车窗升降机构。
2. 能阅读简单的电气线路图。
3. 培养爱岗敬业、认真负责的工作作风,增强质量意识和效率意识,增强安全意识和风险意识。

## 情景导入

一辆轿车前车窗玻璃不能升降,如图3-3-1所示,根据车主描述情况及现场检查,初步断定为玻璃升降电机故障,现需拆卸并予以检查。

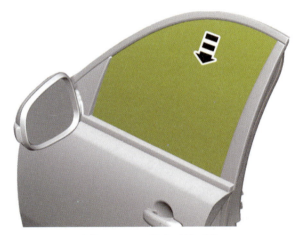

图3-3-1  车窗无法下降

## 任务描述

玻璃升降机构的拆装与检查是车身附件拆检的典型工作任务之一。主要包括玻璃升降机构的拆卸与安装,车窗控制开关、车窗升降电机等附件的拆解与更换。

## 任务分析

玻璃升降机构拆检主要是拆卸、检查及安装升降机构总成及其附件(玻璃安装托架、导绳、车窗电机等),作业过程中需掌握简单电路识读技巧。

## 任务准备

### 一、玻璃升降机构认知

玻璃升降机构由车窗电机、导绳、玻璃安装托架等组成,如图3-3-2所示。它是汽车

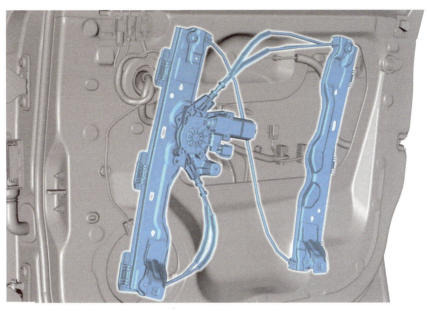

图 3-3-2 车窗升降机构

门窗玻璃的升降装置。目前一般都使用按钮式的电动升降方式和电动玻璃升降器。主驾侧可以控制全部门窗玻璃的开闭,而各分开关由乘员分别控制门窗玻璃的开闭,操作十分便利。

## 二、玻璃升降机构拆检准备

**1. 车身维修班组成员**

□组长　□操作员　□质检员　其他_____

**2. 检查场地**

□是否明亮　□施工区域是否安全　□气源安全　□电源安全
□工位场地面积_____　现场人数_____

**3. 设备工具**

□套筒工具　□螺丝刀套装　□内饰拆装工具　□12V电瓶　□带夹子导线
□玻璃升降机构拆装专用工具　□吸尘器　□车辆支撑台　□工具车　其他_____

**4. 安全防护**

□工作服　□工作鞋　□棉线手套　□防尘口罩　□护目镜　□耳塞/耳罩
其他_____

5. 产品耗材

□车辆防护垫三件套　□一次性座椅垫　□一次性脚垫　□生料带　□电工胶带 其他_____

### 任务实施

**步骤一　阅读工单、环车检查**

同项目二任务一步骤一。

**步骤二　拆装工作准备**

同项目二任务一步骤二。

学习检测：
- 是否安装一次性车辆保护用品：□是　□否
- 维修人员是否穿戴个人安全防护用品：□是　□否
- 检查门内饰板其他电器附件功能是否正常：□是　□否

**步骤三　断开蓄电池负极**

同项目二任务一步骤三。

**步骤四　查阅维修手册**

确定玻璃升降机构的拆卸流程。

流程标记：
- 
- 
- 

**步骤五　拆卸门内饰板总成**

同项目三任务一步骤五。

学习检测：
1. 是否拆卸所有固定螺栓：□是　□否
2. 撬螺钉盖板时，是否需要做好保护：□是　□否
3. 分离车门边缘卡扣连接时，是否从门内饰板底部起撬：□是　□否
4. 是否妥善放置拆卸后的门内饰板总成：□是　□否

**步骤六　拆卸内门板**

（1）分离线束插接件，拆卸线束固定点，如图3-3-3所示。

（2）拆卸内门板与扬声器固定螺栓，如图3-3-4所示。

（3）用热风枪加热密封胶（扬声器安装处），用塑料翘板轻轻撬开（扬声器安装处）。

（4）取下内门板。

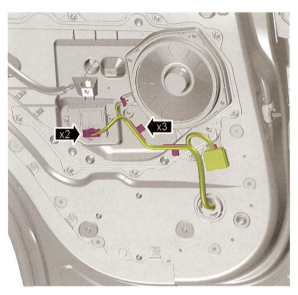

图3-3-3 拆卸线束固定点

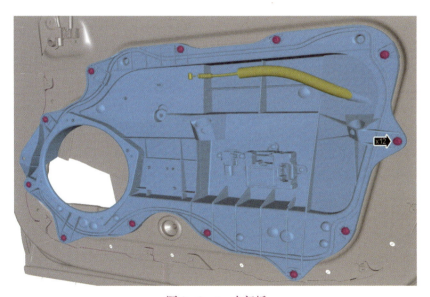

图3-3-4 内门板

**步骤七 拆卸玻璃升降器总成**

(1) 松开升降电机线束插接件,拆卸玻璃升降器总成固定螺栓,如图3-3-5所示。
(2) 手动下降车窗玻璃约200 mm,松开玻璃固定卡夹,如图3-3-6所示。
(3) 用宽胶带固定车窗玻璃,如图3-3-7所示,建议粘3条胶带。
(4) 取下玻璃升降器总成。

**步骤八 检查玻璃升降器总成**

若发现玻璃升降器导绳有断线风险,需及时更换。

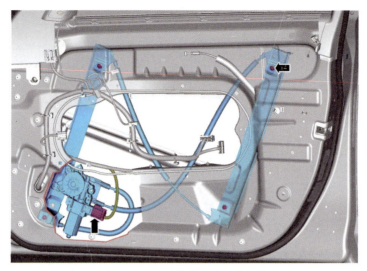

图3-3-5 玻璃升降器固定螺栓

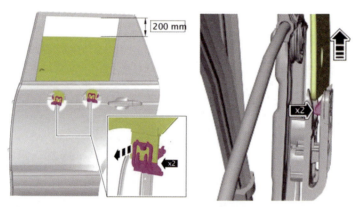

图3-3-6 松开玻璃固定卡夹

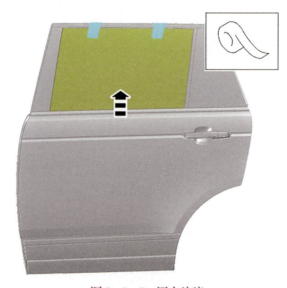

图3-3-7 固定玻璃

**学习提示：**
1. 检查升降机构的导绳是否有断线情况：□是　□否
2. 检查玻璃固定架是否有损坏、卡死情况：□是　□否
3. 给电机供电，检查电机是否正常工作：□是　□否

### 步骤九　安装与调整

按拆卸倒序安装，各部件装配后，须及时检查，确认功能正常。

**注意：**
1. 按照维修手册规定的扭矩紧固螺栓和螺钉。
2. 测试电机功能时，务必确定插接件供电端与接地端。
3. 务必更换一次性螺栓及卡扣。
4. 内门板安装时，须将门锁拉线引出，并及时更换密封垫。
5. 车窗玻璃安装后请及时检查玻璃升降是否顺畅。
6. 玻璃升降机构更换后请及时检查车窗控制是否正常。

## 实操活动与评价

**实操活动：** 玻璃升降机构拆装与检查

**活动说明：**
（1）拆除玻璃升降机构。
（2）检查玻璃升降机构及其附件。
（3）安装玻璃升降机构及相关附件并检查调试。
（4）单人操作。
（5）限时 30 分钟。

玻璃升降机构
拆检（视频）

**活动评价：**

请根据活动完成情况填写表 3-3-1。

表 3-3-1　玻璃升降机构拆装与检查评分表

学员编号：　　　　学员姓名：　　　　总得分：

| 关键能力 | 说明 | 分值 | 得分 | 扣分说明 |
| --- | --- | --- | --- | --- |
| 查询维修手册（资料） | 能正确获取玻璃升降机构拆装信息 | 5 | | |
| 拆装准备 | 车辆防护设施(5分)缺一项扣3分<br>个人防护(5分)缺一项扣3分 | 10 | | |
| 车门内饰板拆装 | 具体评分详见本项目任务一 | 15 | | |
| 玻璃升降机构总成拆卸 | 能正确拆卸内门板(5分)<br>能正确拆卸玻璃升降机构总成(10分)<br>能正确拆卸玻璃升降电机(5分) | 20 | | |

续 表

| 关键能力 | 说明 | 分值 | 得分 | 扣分说明 |
| --- | --- | --- | --- | --- |
| 玻璃升降电机测试 | 能正确测试玻璃升降电机(10分) | 10 | | |
| 装配与调试 | 每一部件都能正确安装与调试，无返工现象 | 20 | | |
| 零部件存放 | 各类螺栓与部件的标记存放、玻璃升降机构镜片、后盖、总成、车门内饰板的保护 | 10 | | |
| 整个活动期间学员的工作规范 | 无暴力拆除及安装、拆装后工具设备归位、清洁拆装相关区域(车辆、工具、地面) | 5 | | |
| 工作素养 | 工具正确使用、工作过程中7S、物料节约等 | 5 | | |

评估人员姓名： 日期：

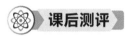

测试题请扫描二维码。

测试题

# 任务四　车窗玻璃拆检

### 学习目标

1. 能拆卸、分解、检查、安装车窗玻璃及其附件。
2. 能检查玻璃导槽的使用性能。
3. 培养爱岗敬业、认真负责的工作作风,增强质量意识和安全意识,增强风险意识。

### 情景导入

一辆轿车的车窗玻璃在升降过程不够顺畅,有卡滞情况出现,如图 3-4-1 所示,现需拆卸并予以检查。

图 3-4-1　车窗玻璃升降卡滞

### 任务描述

拆检车窗玻璃是车身附件拆检的典型工作任务,车窗玻璃升降卡涩现象是车窗玻璃的常见故障之一。通过本任务学习后,学员基本能拆卸、检查与安装车窗玻璃及导槽,排除车窗升降卡涩、异响等故障。

### 任务分析

拆检车窗玻璃主要是拆卸、检查、调整及安装车窗玻璃、车窗玻璃导槽,玻璃密封条等部件,车窗玻璃材质主要为钢化玻璃,并且大部分有贴膜,玻璃升降过程中,应避免磕碰、划伤。

## 任务准备

### 一、车窗玻璃与附件认知

**1. 车窗玻璃** 是指车门玻璃，材质主要为钢化玻璃。前门车窗玻璃为整块活动升降，多数车型的后门车窗玻璃则由活动窗和固定窗（或装饰板）两部分组成，如图 3-4-2 所示。

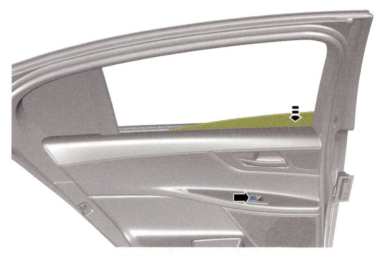

图 3-4-2 后车门车窗玻璃

**2. 车窗密封条** 是指车窗下沿密封条，材质为塑料加橡胶。主要作用为阻止大部分雨水进入车门内部。部分车型的密封条外表镀铬。

**3. 车窗玻璃导槽** 是指装在车门窗框两侧与顶部的橡胶条（无框车门无导槽）。主要作用是保证车窗玻璃正常升降，并能防水、隔音。

**4. 车窗玻璃升降器** 本项目任务三中已经详细阐述。

### 二、车窗玻璃拆检准备

**1. 维修班组成员**

□组长　□操作员　□质检员　其他_____

**2. 检查场地**

□是否明亮　□施工区域是否安全　□气源安全　□电源安全
□工位场地面积_____　现场人数_____

**3. 设备工具**

□套筒工具　□螺丝刀套装　□内饰拆装工具　□12V电瓶　□带夹子导线
□车窗玻璃拆装专用工具　□吸尘器　□车辆支撑台　□工具车　其他_____

4. 安全防护

□工作服　□工作鞋　□棉线手套　□防尘口罩　□护目镜　□耳塞/耳罩
其他_____

5. 产品耗材

□车辆防护垫三件套　□一次性座椅垫　□一次性脚垫　□生料带　□电工胶带
其他_____

### 任务实施

**步骤一　阅读工单、环车检查**
同项目二任务一步骤一。

**步骤二　拆装工作准备**
同项目二任务一步骤二。

**学习检测：**
- 是否安装一次性车辆保护用品：□是　□否
- 维修人员是否穿戴个人安全防护用品：□是　□否
- 检查门内饰板其他电器附件功能是否正常：□是　□否

**步骤三　断开蓄电池负极**
同项目二任务一步骤三。

**步骤四　查阅维修手册**
确定玻璃升降机构的拆卸流程。

**流程标记：**
- 
- 
- 

**步骤五　拆卸门内饰板总成**
同项目三任务一步骤五。

**学习检测：**
1. 是否拆卸所有固定螺栓：□是　□否
2. 撬螺钉盖板时，是否需要做好保护：□是　□否
3. 分离车门边缘卡扣连接时，是否从门内饰板底部起撬：□是　□否
4. 是否妥善放置拆卸后的门内饰板总成：□是　□否

**步骤六　拆卸内门板**
同项目三任务三步骤六。

**学习检测：**
1. 是否拆卸所有固定螺栓：□是　□否
2. 撬取内门板时,是否需用热风枪加热：□是　□否

### 步骤七　拆卸玻璃升降器总成
同项目三任务三步骤七。

**学习检测：**
1. 是否拆卸所有固定螺栓：□是　□否
2. 松开玻璃固定卡夹前,是否适当降低车窗玻璃高度：□是　□否
3. 松开玻璃固定卡夹后,是否用胶带固定玻璃：□是　□否

### 步骤八　拆卸车窗玻璃导槽并检查
(1) 松开玻璃固定胶带,将车窗玻璃缓慢滑至最低处,如图3-4-3所示。

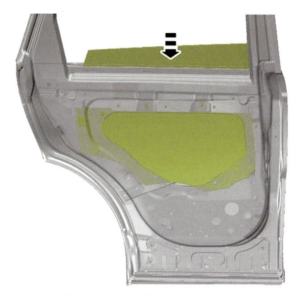

图3-4-3　将车窗玻璃缓慢下放

(2) 扒开车门密封条,拆卸两侧固定螺钉,向上拔出车窗密封条,如图3-4-4所示。
(3) 如图3-4-5所示,松开并移出车窗玻璃导槽。
(4) 检查玻璃导槽。

**检查要点：**
- 导槽是否有破损：□是　□否
- 导槽是否有异物附着：□是　□否
- 导槽是否碰撞老化(导槽老化膨胀后会使得玻璃升降阻力变大)：□是　□否

图 3-4-4　拆下车窗密封条

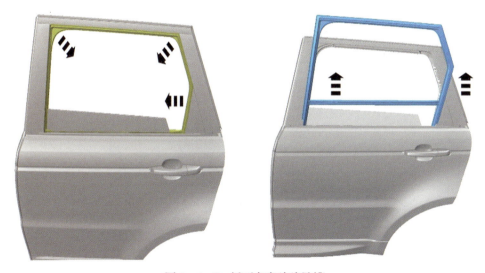

图 3-4-5　拆下车窗玻璃导槽

**注意：**
1. 将玻璃滑入车门底部时，应避免磕碰。
2. 玻璃密封条固定螺钉为隐藏式，须确认螺钉全部拆卸后，方可取下密封条。
3. 玻璃导槽分离时，应按照从上到下的顺序分离。

**步骤九　拆卸车窗玻璃并检查**

（1）拆卸车门密封条固定螺钉，取出车门密封条，如图 3-4-6 所示。
（2）拆卸车门装饰板（或固定窗），如图 3-4-7 所示。
（3）从车门外侧缓慢移出车窗玻璃并检查，如图 3-4-8 所示。

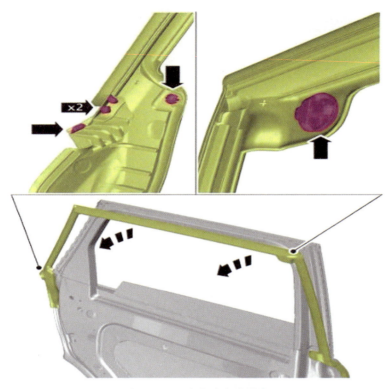

图 3-4-6 拆卸车门密封条

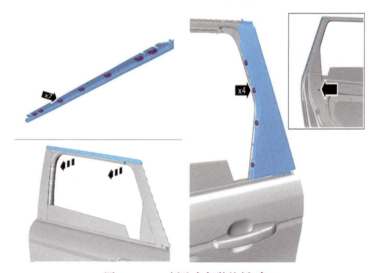

图 3-4-7 拆除车门装饰板(条)

**检查要点:**
- 车窗玻璃膜的两侧边缘是否完好。
- 玻璃装配孔是否完好(装配倾斜会导致升降不顺畅)。

图 3-4-8 从车门外侧移出车窗玻璃

**注意：**
1. 从车门底部移出玻璃时，应避免磕碰。
2. 拆卸固定窗、装饰板、装饰条时，须注意漆面保护。
3. 若车窗玻璃破损，须清除玻璃颗粒残留并及时检查车门底部排水孔。

### 步骤十　安装与调整

按拆卸倒序安装，各部件装配后，须及时检查，确认功能正常。

**注意：**
1. 务必更换一次性螺栓及卡扣。
2. 按照维修手册规定的扭矩紧固螺栓和螺钉。
3. 安装玻璃导槽时，应先固定导槽的转角，其次是顶部，最后是两侧。
4. 安装车门装饰板时，须注意保护漆面。
5. 玻璃滑入后，须及时检查（手动移动车窗玻璃），无卡涩现象。
6. 车窗玻璃安装后，须及时通电检查玻璃升降是否顺畅。

### 实操活动与评价

**实操活动：** 车窗玻璃的拆装与检查
**活动说明：**
（1）车窗玻璃拆装前，按要求做好车辆防护与人员防护。
（2）车窗玻璃拆装前，按要求检查各类附件是否能正常工作。
（3）根据所学相关知识，按要求拆卸车窗玻璃及其附件。
（4）根据所学相关知识，按要求装配并检查车窗玻璃及其附件。
（5）单人操作。

车窗玻璃拆检
（视频）

（6）限时60分钟。

**活动评价：**

请根据活动完成情况填写表3-4-1。

表3-4-1 车窗玻璃的拆装与检查评分表

学员编号：　　　学员姓名：　　　总得分：

| 关键能力 | 说明 | 分值 | 得分 | 扣分说明 |
| --- | --- | --- | --- | --- |
| 查询维修手册（资料） | 可以正确获取车窗玻璃拆装信息 | 5 | | |
| 拆装过程使用安全防护用品 | 车辆防护设施(5分)缺一项扣3分<br>个人防护(5分)缺一项扣3分 | 10 | | |
| 车门内饰板拆装 | 具体评分详见本项目任务一 | 10 | | |
| 车窗升降装置拆装 | 具体评分详见本项目任务三 | 10 | | |
| 控制升降电机工作 | 具体评分详见本项目任务三 | 10 | | |
| 车窗玻璃拆装 | 能正确拆卸车窗玻璃密封条(5分)<br>能正确拆装车门装饰板(5分)<br>能正确拆卸玻璃导槽(5分)<br>能正确拆卸车窗玻璃(5分) | 20 | | |
| 装配与调试 | 每一部件都能正确安装与调试，无返工现象 | 20 | | |
| 零部件存放 | 各类螺栓与部件的标记存放、玻璃保护、车门内饰板保护、车窗升降机构保护 | 5 | | |
| 整个活动期间学员的工作规范 | 无暴力拆除及安装、拆装后工具设备归位、清洁拆装相关区域（车辆、工具、地面） | 5 | | |
| 工作素养 | 工具正确使用、工作过程中7S、物料节约等 | 5 | | |

评估人员姓名：　　　日期：

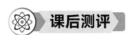 课后测评

**测试题请扫描二维码。**

测试题

# 任务五　门锁机构拆检

### 学习目标

1. 能拆卸、检查、安装车门锁芯、外拉手。
2. 能拆卸、检查、安装门锁电机。
3. 培养爱岗敬业、认真务实的职业精神,增强质量意识和风险意识。

### 情景导入

一轿车前车门不能锁闭,如图3-5-1所示,根据车主描述情况及现场检查,初步断定为门锁电机故障,现需拆卸并予以检查。

图3-5-1　车门无法锁闭

### 任务描述

门锁机构的拆装与检查是车身附件拆检的典型工作任务之一,主要包括外拉手总成的拆卸与安装,门锁电机总成、内拉手等附件的拆卸、更换与调整。

### 任务分析

门锁机构拆检主要是拆卸、检查及安装门锁机构总成及其附件,作业过程中需注意及时检查机械锁、遥控锁、内外拉手的功能是否正常、开闭门是否顺畅。

### 任务准备

一、门锁机构认知

门锁机构的作用是确保汽车车门锁闭可靠,开启方便。门锁机构由门锁电机、外拉手总成、内拉手总成、拉线、锁扣、钥匙等组成,如图 3-5-2 所示。门锁电机、外拉手总成、内拉手总成及拉线主要安装于车门,锁扣安装于 B 柱或 C 柱相应的位置。一般主驾侧安装机械锁芯,部分车型装配有无钥匙进入系统。

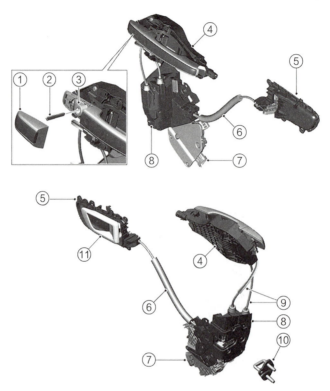

**图 3-5-2 门锁机构**
①锁芯盖板;②机械钥匙;③锁芯;④外拉手总成;⑤内拉手总成;⑥内拉手拉线;⑦线束插接端;⑧门锁体总成;⑨外拉手拉线;⑩撞锁;⑪车门内拉手

## 二、门锁机构拆检准备

### 1. 车身维修班组成员

□组长　□操作员　□质检员　其他_____

### 2. 检查场地

□是否明亮　□施工区域是否安全　□气源安全　□电源安全
□工位场地面积_____　现场人数_____

### 3. 设备工具

□套筒工具　□螺丝刀套装　□内饰拆装工具　□12 V 电瓶　□带夹子导线
□玻璃升降机构拆装专用工具　□吸尘器　□车辆支撑台　□工具车　其他_____

4. 安全防护

□工作服　□工作鞋　□棉线手套　□防尘口罩　□护目镜　□耳塞/耳罩
其他_____

5. 产品耗材

□车辆防护垫三件套　□一次性座椅垫　□一次性脚垫　□生料带　□纸胶带
其他_____

### 任务实施

**步骤一　阅读工单、环车检查**

同项目二任务一步骤一。

**步骤二　拆装工作准备**

同项目二任务一步骤二。

**学习检测：**
- 是否安装一次性车辆保护用品：□是　□否
- 维修人员是否穿戴个人安全防护用品：□是　□否
- 检查车门是否能正常锁闭与打开：□是　□否
- 检查主驾机械锁是否正常：□是　□否
- 车门其他附件功能是否正常：□是　□否

**步骤三　断开蓄电池负极**

同项目二任务一步骤三。

**流程标记：**
- 
- 
- 

**步骤四　查阅维修手册**

确定门锁机构的拆卸流程。

**步骤五　拆除外拉手**

（1）用塑料撬棒（或带塑胶套管的螺丝刀），从盖板的下沿起翘孔处撬开锁芯盖板，如图 3-5-3 所示。

（2）撬开车门侧边处螺钉盖板，松开锁芯固定螺钉，如图 3-5-4 所示。

（3）拉动外拉手，取下锁芯，如图 3-5-5 所示。

（4）松开车门外拉手，分离车门拉手线束，取下车门外拉手，如图 3-5-6 所示。

（5）取下外拉手密封件，如图 3-5-7 所示。

图3-5-3 撬开锁芯盖板

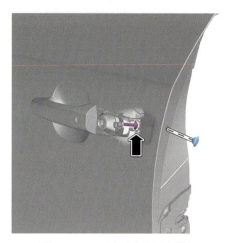

图3-5-4 松开锁芯固定螺钉

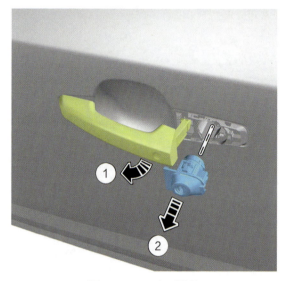

图3-5-5 取下锁芯

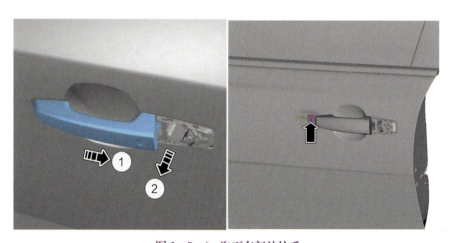

图3-5-6 取下车门外拉手

 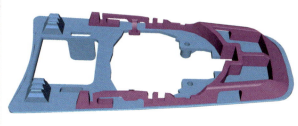

图 3-5-7 车门外拉手密封件

**注意:**
1. 起撬锁芯盖板时,务必注意漆面保护。
2. 锁芯固定螺栓只需旋松即可。
3. 须适当拉开外拉手,方可取下锁芯。
4. 若不进一步拆卸,须保持线束端拉出状态。

**步骤六 拆卸门内饰板总成**
同项目三任务一步骤五。

**学习检测:**
1. 是否拆卸所有固定螺栓:□是 □否
2. 撬螺钉盖板时,是否需要做好保护:□是 □否
3. 分离车门边缘卡扣连接时,是否从门内饰板底部起撬:□是 □否
4. 是否妥善放置拆卸后的门内饰板总成:□是 □否

**步骤七 拆卸内门板**
同项目三任务三步骤六。

**学习检测:**
1. 是否拆卸所有固定螺栓:□是 □否
2. 撬内门板时,是否用热风枪加热:□是 □否

**步骤八 拆卸玻璃升降器总成**
同项目三任务三步骤七。

**学习检测:**
1. 是否拆卸所有固定螺栓:□是 □否
2. 松开玻璃固定卡夹时,是否适当降低车窗玻璃:□是 □否
3. 松开玻璃后,是否有胶带纸进行固定:□是 □否

### 步骤九 拆卸门锁电机总成

(1) 分离门锁电机线束,如图 3-5-8 所示。
(2) 撬开螺栓盖板、拆卸门锁电机固定螺栓,如图 3-5-9 所示。

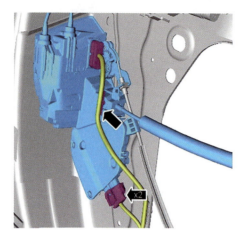

图 3-5-8 分离门锁电机线束

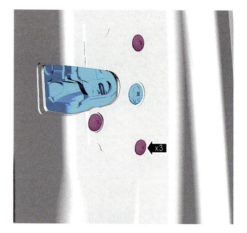

图 3-5-9 拆卸门锁电机固定螺栓

(3) 松开外拉手总成固定螺栓,如图 3-5-10 所示。
(4) 确认所有线束已分离,所有固定螺栓(螺钉)已拆卸,取下门锁机构总成,如图 3-5-11 所示。

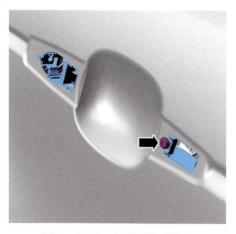

图 3-5-10 松开外拉手总成

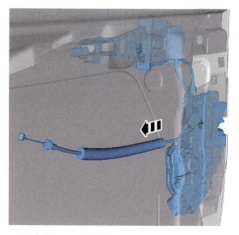

图 3-5-11 取下门锁机构总成

(5) 松开门锁电机防水罩,松开拉线,分离门锁电机与拉线,如图 3-5-12 所示。

> **注意:**
> 1. 分离门锁电机线束时,亦可将总成整体取出后进行分离。
> 2. 总成取出时,严禁暴力弯折拉线,以免损坏。
> 3. 部分门锁机构有自吸电机,取出总成前,须确保固定螺栓均已拆卸。
> 4. 测试电机功能时,务必确定插接件供电端与接地端。

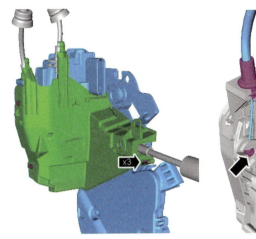

图 3-5-12　分离拉线

**步骤八　安装与调整**

按拆卸倒序安装,各部件装配后,须及时检查,确认功能正常。

**注意:**
1. 务必更换一次性螺栓及卡扣。
2. 按照维修手册规定的扭矩紧固螺栓和螺钉。
3. 安装车门外拉手时,须及时更换密封垫。
4. 内外拉手装配后,须及时检查其功能,避免拉线脱钩。
5. 锁芯安装后,须及时检查功能,确保机械钥匙正常锁闭与开启。
6. 通电后,及时检查车门能否锁闭和开启。
7. 检查车门开启和锁闭是否顺畅。

## 实操活动与评价

**实操活动:**门锁机构拆装与检查

**活动说明:**

(1) 门锁机构拆装前,按要求做好车辆防护与人员防护。
(2) 门锁机构拆装前,按要求检查各类附件是否能正常工作。
(3) 根据所学相关知识,按要求拆卸门锁机构及其附件。
(4) 根据所学相关知识,按要求装配并调整门锁机构及其附件。
(5) 单人操作。
(6) 限时 30 分钟。

**活动评价:**

请根据活动完成情况填写表 3-5-1。

门锁机构拆检
(视频)

表 3-5-1 门锁机构的拆装与检查评分表

学员编号：　　　　学员姓名：　　　　总得分：

| 关键能力 | 说明 | 分值 | 得分 | 扣分说明 |
|---|---|---|---|---|
| 查询维修手册(资料) | 能正确获取玻璃升降机构拆装信息 | 5 | | |
| 拆装准备 | 车辆防护设施(5分)缺一项扣3分<br>个人防护(5分)缺一项扣3分 | 10 | | |
| 车门外拉手拆卸 | 能正确拆卸锁芯及车门外拉手(10分) | 10 | | |
| 车门内饰板拆装 | 具体评分详见本项目任务一 | 15 | | |
| 门锁机构总成拆卸 | 能正确拆卸内门板(5分)<br>能正确拆卸玻璃升降机构总成(10分)<br>能正确拆卸玻璃升降电机(5分) | 20 | | |
| 车门外拉手拆卸 | 能正确拆卸锁芯及车门外拉手(10分) | 10 | | |
| 装配与调试 | 每一部件都能正确安装与调试，无返工现象 | 10 | | |
| 零部件存放 | 各类螺栓与部件的标记存放，玻璃升降机构镜片、后盖、总成、车门内饰板的保护 | 10 | | |
| 整个活动期间学员的工作规范 | 无暴力拆除及安装、拆装后工具设备归位、清洁拆装相关区域(车辆、工具、地面) | 5 | | |
| 工作素养 | 工具正确使用、工作过程中 7S、物料节约等 | 5 | | |

评估人员姓名：　　　　日期：

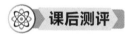

测试题请扫描二维码。

测试题

# 项目四

【 汽车车身外板件与附件拆检技术 】

## 车身常见附件拆检

### 项目介绍

车身附件是汽车车身的重要组成部分,拆检车身附件是车身维修的常见工作。本项目主要介绍汽车座椅、风挡玻璃、安全带以及天窗总成的拆卸、检查和安装等工艺方法。

通过对项目知识的学习及相关技能的训练,正确认知车身常见附件的结构组成及特点,掌握汽车座椅、风挡玻璃、安全带以及天窗总成的拆检工艺和方法。

### 学习导航

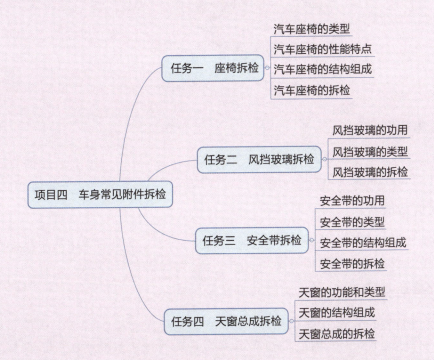

# 任务一　座椅拆检

### 学习目标

1. 掌握乘用车前、后座椅结构组成、拆装流程和方法。
2. 能独立拆装前座椅和后座椅。
3. 通过拆检座椅，培养严谨细致、认真负责的工作态度，增强质量意识、增强安全意识。

### 情景导入

一轿车为提升音质效果，铺设隔音棉，故需拆装全部座椅，如图4-1-1所示。

图4-1-1　汽车座椅

### 任务描述

座椅拆装与检查是车身附件拆检的典型工作任务之一，主要包括前排座椅的检查与拆装；座椅电机、导轨的检查与更换；后排座椅的拆装等。

### 任务分析

座椅拆检主要是拆卸、检查及安装座椅总成及其附件。作业过程中需注意及时检查座椅方向调节、座椅按摩与座椅加热的功能是否正常，座椅移动是否顺畅。

### 任务准备

#### 一、汽车座椅的类型

汽车座椅按功能可分为固定式、可卸式、调节式；按乘坐人数可分为单人、双人、多人椅；按材质分为真皮座椅和绒布座椅等，如图4-1-2所示。

图 4-1-2 前座椅和后座椅

## 二、汽车座椅的性能特点

汽车座椅应满足舒适性、安全性、耐用性、美观性等方面的使用要求。常见的舒适性配置包括座椅加热、座椅通风、座椅按摩、座椅调节等;汽车座椅可以"固定"车内人员,保护驾乘人员,提升安全性能。良好的"支撑力和包裹性"是汽车座椅舒适性和安全性的重要体现。

随着新能源汽车、车联网、自动驾驶等技术的发展,汽车座椅智能化也是未来的发展方向,如图 4-1-3 所示。

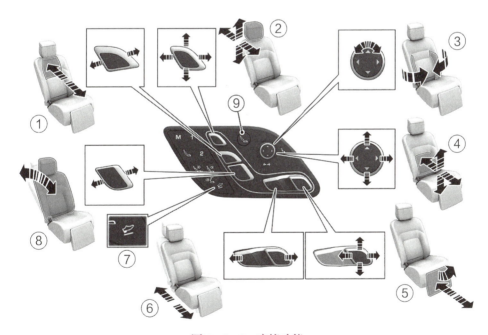

图 4-1-3 座椅功能

①座椅上部靠背调节;②头枕高度/前后向调节;③腰部充气与放气;④腰部支撑;⑤腿托高度和角度;⑥座椅前后调整;⑦脚托;⑧靠背角度;⑨座椅按摩

## 三、汽车座椅的结构组成

座椅由坐垫、座椅靠背、头枕、头枕导杆、倾斜度调节器和座椅调节滑轨等组成,如图 4-1-4 所示。

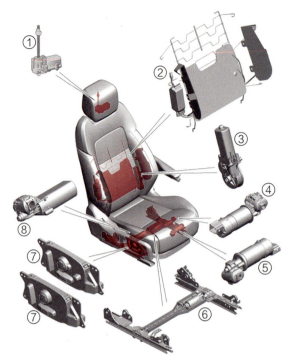

**图 4-1-4 座椅的组成**
①头枕电机;②座椅腰托和靠垫总成;③座椅靠背倾斜电机;④坐垫倾斜电机;⑤坐垫扩展电机;⑥座椅前向/后向电机;⑦座椅开关组;⑧座椅高度电机

## 四、汽车座椅拆检准备

### 1. 维修班组成员

□组长　□操作员　□质检员　其他_____

### 2. 检查场地

□是否明亮　□施工区域是否安全　□气源安全　□电源安全
□工位场地面积_____　现场人数_____

### 3. 设备工具

□套筒工具　□螺丝刀套装　□内饰拆装工具　□拆装专用工具　□吸尘器
□车辆支撑台　□工具车　其他_____

### 4. 安全防护

□工作服　□工作鞋　□棉线手套　□防尘口罩　□护目镜　□耳塞/耳罩
其他_____

### 5. 产品耗材

□固定螺栓　□车辆防护垫三件套　□一次性座椅垫　□一次性脚垫　其他_____

## 任务实施

### 步骤一 分析故障现象

维修人员接到待修车辆后,应查看维修工单,明确故障现象,查阅相关资料,分析故障原因。

- 座椅是否污损:□是 □否
- 座椅是否破损:□是 □否
- 座椅是否变形:□是 □否
- 座椅功能是否正常:□是 □否
- 座椅导轨是否有异物:□是 □否
- 是否需要拆卸后检查:□是 □否

### 步骤二 拆装工作准备

(1) 车辆的保护:保护好周围装饰,以防损坏。

- 铺设座椅套、档位杆套、方向盘套
- 副驾座椅、后排座椅遮护
- 地毯保护、内饰保护

(2) 人员的安全防护用品。
(3) 拆装工具准备。

- 在维修配备安全气囊的车辆及操作安全气囊时,必须断开控制模块的电源(建议断电3分钟后方可拆装)
- 具体操作请参照维修手册

### 步骤三 拆卸前排座椅

(1) 将前排座椅移到最前面,如图4-1-5所示;拆下前排座椅安全带锚扣盖板,如图4-1-6所示。

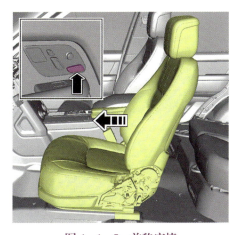

图4-1-5 前移座椅

图4-1-6 拆卸安全带锚扣盖板

(2)断开电气接头,拆除安全带固定螺栓,如图4-1-7所示;拆下后排座椅滑轨螺栓,如图4-1-8所示。

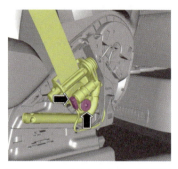

图4-1-7 拆除安全带固定螺栓

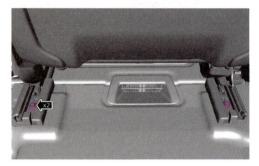

图4-1-8 拆下后排座椅滑轨螺栓

**注意:**
1. 选用适配工具。
2. 螺纹旋向。

(3)将前排座椅移到最后端位置,如图4-1-9所示;拆下前排座椅滑轨盖,如图4-1-10所示;卸下螺钉,拆下前排座椅的内侧导轨盖,如图4-1-11所示;拆下前排座椅滑轨螺栓,如图4-1-12所示。

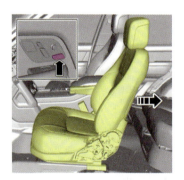

图4-1-9 将前排座椅移到最后端位置

图4-1-10 拆下前排座椅滑轨盖

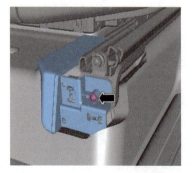

图4-1-11 拆下前排座椅的内侧导轨盖

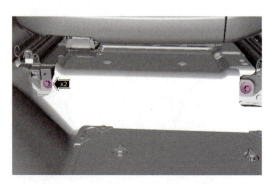

图4-1-12 拆下前排座椅滑轨螺栓

(4)将前排座椅重新定位到中间位置,增大作业空间。断开启动蓄电池电缆并将其系在一旁,如图 4-1-13 所示。将前排座椅向后重新定位以便检修,如图 4-1-14 所示。

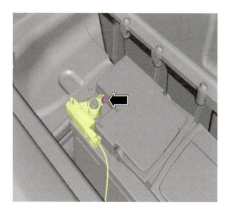

图 4-1-13 断开启动蓄电池电缆

图 4-1-14 将前排座椅向后重新定位

(5)取下舱口盖,如图 4-1-15 所示。断开座椅控制模块的线束插接器,如图 4-1-16 所示。

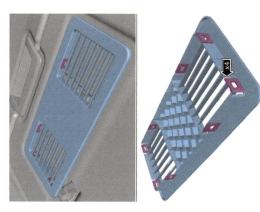

图 4-1-15 取下舱口盖

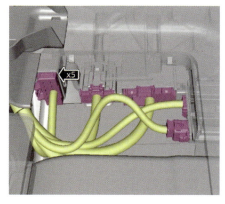

图 4-1-16 断开线束插接器

(6)拆下前排座椅,如图 4-1-17 所示,将座椅翻倒后,调整角度,从前门或后面移出驾驶舱,并妥善放置。

**注意:**
搬运处于激活状态的安全气囊模块时,让安全气囊和装饰盖板朝向远离身体的方向。

**步骤四 拆卸后排座椅**

(1)酌情将后排座椅调整到适当位置,如图 4-1-18 所示。松开锁片并卸下后排座椅前部螺栓盖,

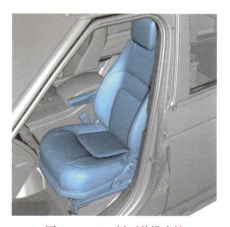

图 4-1-17 拆下前排座椅

如图4-1-19所示。

图4-1-18 调整后排座椅

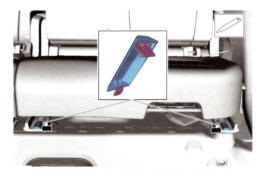

图4-1-19 卸下后排座椅前部螺栓盖

(2)拆下后排座椅前部螺栓,如图4-1-20所示。断开后排座椅线束插接件,如图4-1-21所示。

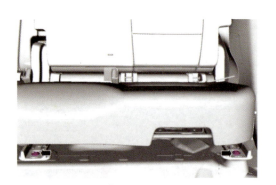

图4-1-20 拆下后排座椅前部螺栓

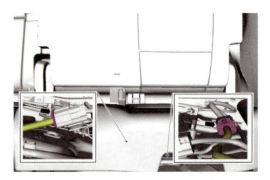

图4-1-21 断开后排座椅线束插接件

(3)将后排座椅调整到最靠前的位置,如图4-1-22所示。通过安全带引导器放置后排座椅安全带,如图4-1-23所示。

图4-1-22 向前调整后排座椅调整位置

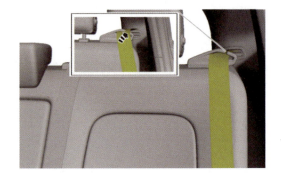

图4-1-23 后排座椅安全带引导器

(4)将后排座椅靠背置于折叠平放位置,如图4-1-24所示。卸下后排座椅螺母,如图4-1-25所示。

项目四 车身常见附件拆检

图4-1-24 将后排座椅靠背折叠

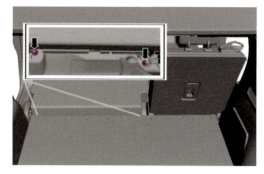
图4-1-25 卸下后排座椅螺母

(5)拆下后排座椅,如图4-1-26所示,将座椅折叠后,调整角度,从后门移出驾驶舱,并妥善放置。

图4-1-26 拆下后排座椅

**步骤五 安装与调整**

按拆卸步骤倒序装配,每一个部件装配后须及时检查确认。

**注意:**
1. 安装座椅时,注意保护漆面、保护座椅皮面。
2. 选用适配工具。
3. 座椅固定螺栓须更换。
4. 手动旋入几圈螺纹后,再用工具紧固螺栓。
5. 固定螺栓扭矩须参照维修手册。
6. 座椅安装后,检查外观须完好,调整须顺畅、功能须正常。
7. 座椅初始化须参照维修手册。

 **实操活动与评价**

**实操活动:** 前后排座椅拆装与检查
**活动说明:**
(1)座椅拆装前,按要求做好车辆防护与人员防护。

主驾座椅拆检
(视频)

(2) 座椅拆装前,按要求检查各类附件是否能正常工作。

(3) 根据所学相关知识,按要求拆卸前排座椅与后排座椅。

(4) 根据所学相关知识,按要求装配并调整前排座椅与后排座椅。

(5) 单人操作(在拆下和安装座椅时需要另外一人协助)。

(6) 限时 60 分钟。

**活动评价：**

请根据活动完成情况填写表 4-1-1。

表 4-1-1　座椅拆装与检查评分表

学员编号：　　　　学员姓名：　　　　总得分：

| 关键能力 | 说明 | 分值 | 得分 | 扣分说明 |
| --- | --- | --- | --- | --- |
| 查询维修手册(资料) | 可以正确获取座椅拆装信息 | 5 | | |
| 拆装过程使用安全防护用品 | 车辆防护设施(5分)缺一项扣3分<br>个人防护(5分)缺一项扣3分 | 10 | | |
| 断电操作 | 操作中是否断开蓄电池,未做不给分 | 10 | | |
| 前座椅拆装 | 固定螺栓请注意扭矩是否符合要求,缺一项扣5分<br>座椅装饰件安装时请注意漆面保护,缺一项扣5分 | 20 | | |
| 后座椅拆装装置拆装 | 固定螺栓请注意扭矩是否符合要求,缺一项扣5分<br>座椅装饰件安装时请注意漆面保护,缺一项扣5分 | 20 | | |
| 装配与调试 | 每一部件都能正确安装与调试,无返工现象 | 20 | | |
| 零部件存放 | 各类螺栓与部件的标记存放、座椅保护、线束固定 | 5 | | |
| 整个活动期间学员的工作规范 | 无暴力拆除及安装、工具正确使用、拆装后工具设备归位、清洁拆装相关区域(车辆、工具、地面) | 10 | | |

评估人员姓名：　　　　日期：

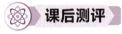

**测试题请扫描二维码。**

测试题

# 任务二　风挡玻璃拆检

### 学习目标

1. 能识别车身风挡玻璃的类型。
2. 掌握风挡玻璃拆装流程及方法,并能完成拆卸与粘接作业。
3. 培养团结协作的能力和细致认真的工作习惯,并增强质量意识和风险意识。

### 情景导入

一辆轿车出现交通事故,导致前风挡玻璃破裂,经评估需要更换,如图4-2-1所示。

图4-2-1　前风挡玻璃破裂

### 任务描述

风挡玻璃的拆检是汽车胶粘玻璃拆检的典型工作任务。车辆事故常导致风挡玻璃破损,维修工作中需拆检与粘接安装风挡玻璃。

### 任务分析

风挡玻璃拆检主要是对车身前、后风挡玻璃进行拆卸、粘接安装,在作业过程中需要对车身相关附件及漆面进行防护。车身风挡玻璃的拆装作业在整个汽车钣金的工作中,属于较独立的一项技能;拆卸方法和胶粘工艺对维修质量影响较大,工作过程须小心谨慎,避免玻璃或附件受损,确保胶粘质量,防止工伤事故。

### 任务准备

#### 一、风挡玻璃的认知

风挡玻璃是确保良好的驾驶视野和行车安全的重要部件,可以降低车辆行驶风阻、提高车身美观效果,风挡玻璃的性能和装配质量关乎驾驶安全。对风挡玻璃的机械强度、透光性能、粘接强度都有较高要求,风挡玻璃要求粘接剂(玻璃胶)具有高刚性、低导电率的特点。

### 二、风挡玻璃的类型

1. **夹层玻璃** 是指在两层玻璃之间夹贴PVB塑料膜,增加了玻璃的抗破碎能力。
2. **钢化玻璃** 是指将普通玻璃淬火使其强度得到提高,并在破碎时分裂成带钝边的小碎块,不易伤害乘员。
3. **区域钢化玻璃** 是钢化玻璃经过特殊处理,在破裂时仍能使驾驶者保持一定视野。

目前汽车风挡玻璃以夹层区域钢化玻璃为主。

### 三、前风挡玻璃拆装准备

1. **维修班组成员**

□组长 □操作员 □质检员 其他_____

2. **检查场地**

□是否明亮 □施工区域是否安全 □气源安全 □电源安全
□工位场地面积_____ 现场人数_____

3. **设备工具**

□粘接式玻璃分离工具组 □双吸盘 □切割牵引工具 □风挡玻璃拆装工具组
□电动割刀 □间隙规 □打胶枪 □工具车 其他_____

4. **安全防护**

□工作服 □工作鞋 □棉线手套 □防尘口罩 □护目镜 □耳塞/耳罩
□防溶剂手套 其他_____

5. **产品耗材**

□车辆防护垫三件套 □一次性座椅垫 □一次性脚垫 □玻璃胶 □底漆 □活化剂
□双组分玻璃粘接剂 □单组分玻璃粘接剂 □玻璃底漆/车漆底漆/活化剂
□清洁剂 □底漆涂敷器(羊毛球) □切割线 其他_____

### 任务实施

**步骤一 分析故障,明确方案**

维修人员接到待修车辆后,应查看维修工单,明确故障现象,查阅相关资料,确定维修方案。

**步骤二 拆装工作准备**

(1)车辆的保护:保护好周围装饰,以防损坏。

- 三件套。
- 副驾座椅、后排座椅遮护。
- 地毯保护、内饰保护。

(2) 人员的安全防护用品。
(3) 拆装工具准备。

**步骤三　断开蓄电池负极**

(1) 打开蓄电池盒盖(或负极电极保护帽)。
(2) 松开蓄电池负极极桩紧固螺栓。
(3) 用绝缘材料包裹蓄电池负极。

**步骤四　拆卸前风挡玻璃相关附件**

分别拆卸雨刮臂、排水槽盖板、A柱饰板、遮阳板、眼镜盒框架、车内后视镜、雨量识别传感器、左右两侧的导水条。

**步骤五　拆卸前风挡玻璃**

(1) 将保护板A插入风挡玻璃和仪表台之间,将切割线G安装在锥子F(刺针)前端,用锥子F从风挡玻璃内侧穿过玻璃固定胶层,将切割线G末端拉出车外,如图4-2-2所示。

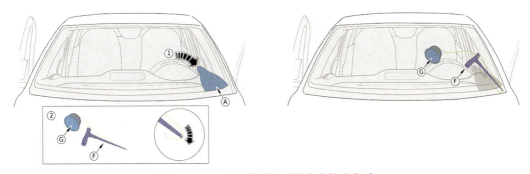

图4-2-2　将切割线末端从车内拉出车外

(2) 将切割线拉出一定长度(略超过风挡玻璃周长),在风挡玻璃外周围敷设切割线(注意:切割线应该放置在玻璃下面和车身之间的胶层外缘),如图4-2-3所示。

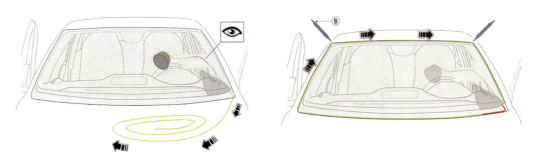

图4-2-3　敷设切割线,划分切割区域

(3) 将车外切割线的端头固定在吸盘式绕线装置上,将车内线割线预留一定余量后切断,如图4-2-4所示。

(4) 将车内切割线端头安装于切割装置D中,用手枪钻驱动切割线切割胶层,如图4-2-5所示。

(5) 根据切割位置调整切割工具D的安装位置,依次将风挡玻璃胶层切断,如图4-2-6所示。

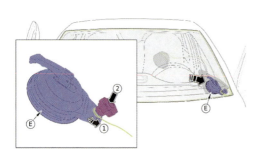
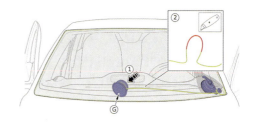

图4-2-4　固定车外切割线端，剪断车内切割线

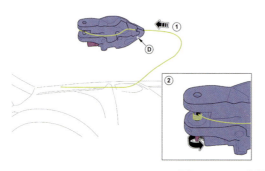
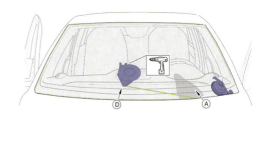

图4-2-5　安装切割线，切割胶层

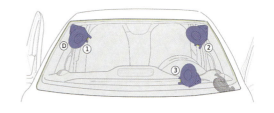

图4-2-6　依据切割线角度调整切割盘D位置

（6）双人协作，用大力吸盘，将风挡玻璃从车辆外侧取下，如图4-2-7所示。

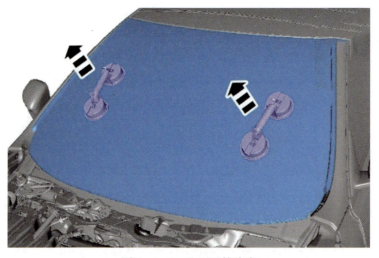

图4-2-7　取下风挡玻璃

**注意：**

1. 切割时用塑料楔B(图4-2-3)将切割线压在玻璃上，以便在玻璃连接边和仪表台上自由移动。
2. 在切割不同位置区域时，要将绕线装置移到对应区域，以便切割玻璃固定胶层。
3. 保护板随动。
4. 锥子插入胶层时，须注意角度。

### 步骤六　安装风挡玻璃前的准备

(1) 未损坏的风挡玻璃安装准备工作：清除玻璃与车身上的残余胶层，如图4-2-8所示。使用未损坏的风挡玻璃时，重新粘接前要将剩余的粘接剂(旧胶)切割至剩余1~2mm，并进行清洁与打磨处理，切割与打磨旧胶层时，避免损坏底漆和陶瓷涂层。

**图4-2-8　清除残余胶层**

(2) 新风挡玻璃安装准备工作：①用清洁剂清洁风挡玻璃边缘，再用无纺布擦干；②用涂覆器(羊毛球)均匀涂覆底漆，裱干10分钟，如图4-2-9所示；③部分新挡风玻璃有胶层垫块与位置固定销，建议锉平定位销，如图4-2-10所示。

**图4-2-9　涂覆底漆**

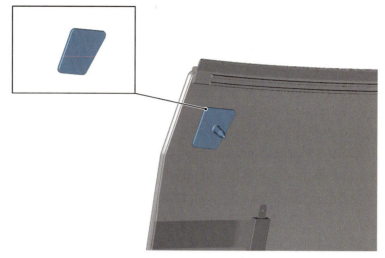

图 4-2-10 锉平定位销

> **注意:**
> 不带预涂层的新风挡玻璃,粘接剂粘接区域必须涂覆底漆。

(3) 窗缘位置的准备工作:使用电动割刀工具"U"型刀或美工刀切割窗缘位置的粘胶,切勿完全切除,预留 1~2 mm。若窗缘进行了处理或更换,则必须在喷漆后重新清洁相应部位,刷涂底漆,如图 4-2-11 所示。

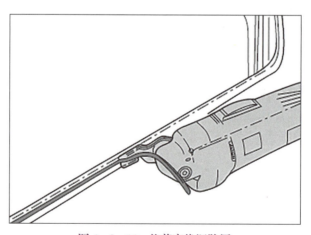

图 4-2-11 修剪窗缘旧胶层

> **注意:**
> 1. 保持粘接面清洁。
> 2. 若切割残余旧胶超过 24 小时后粘接,须涂抹活化剂。
> 3. 活化剂涂抹后须裱干 10 分钟。
> 4. 活化剂不得触及车身油漆层。

## 步骤七　安装风挡玻璃

（1）前风挡玻璃的粘接

1）风挡玻璃的涂胶安装（双组分玻璃胶），如图 4-2-12 所示。

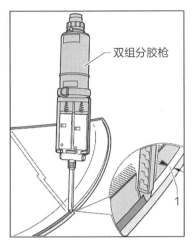

图 4-2-12　涂双组分玻璃胶

与风挡玻璃成直角，在玻璃四周涂抹玻璃胶（双组分玻璃胶），使用吸盘将风挡玻璃粘接至窗缘位置（两人配合操作）。

2）风挡玻璃的涂胶安装（单组分玻璃胶），如图 4-2-13 所示。

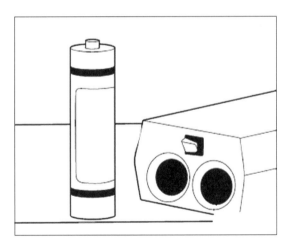 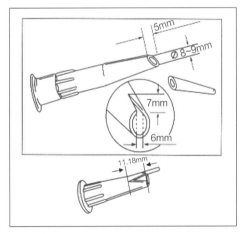

图 4-2-13　涂单组分玻璃胶

3）用玻璃胶加热器加热 15 分钟。打开玻璃粘接胶底部的防潮盖。胶嘴开口背向走胶方向，以"三角形"截面施胶，如图 4-2-14 所示。

**注意：**
1. 双组分胶在安装混合胶嘴前，应先挤出 10～20 mm 的顶部胶，并切平、舍弃。
2. 安装混合胶嘴后，应先打出 100 mm 顶部胶，并将其舍弃。

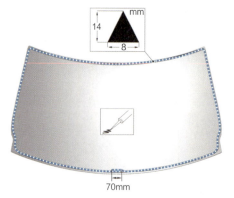 

图 4‑2‑14　胶嘴开口背向走胶方向，以三角形截面施胶

3. 安装混合胶嘴前对胶嘴修剪为"三角形"（宽度 7～8 mm、高度 11～14 mm）。

4. 玻璃胶施涂后 10 分钟内必须安装玻璃，完成粘接，否则影响玻璃胶的粘合力（接合强度）。

5. 胶线不允许间断。

6. 胶线重叠为 20～30 mm，重叠处位于玻璃下缘。

4）使用吸盘将风挡玻璃粘接至窗缘位置（两人配合操作），如图 4‑2‑15 所示。

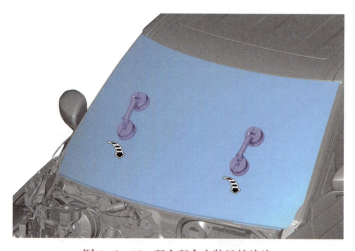

图 4‑2‑15　双人配合安装风挡玻璃

**注意：**

1. 玻璃固定胶施涂 30 分钟内必须完成粘接作业。

2. 为确保粘接强度，应保持适当胶层厚度（各车型方式不同，须查阅手册）。

3. 调整风挡玻璃与车身附件的间隙尺寸（具体车型查阅《车身维修手册》获取尺寸值，借助间隙规调整）。

5）风挡玻璃安装四周使用胶带粘接辅助固定，调整风挡玻璃与车身窗缘间隙，如图 4‑2‑16 所示。

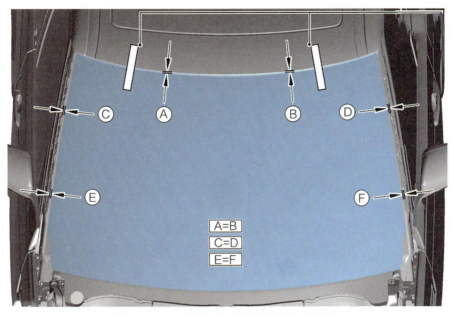

图 4‑2‑16 使用胶带对风挡玻璃辅助固定

**注意:**
1. 在玻璃固定胶的固化时间内,禁止车窗在密闭情况下用力关闭车门。
2. 玻璃固定胶固化时间内禁止交付车辆。

6)水淋检查安装质量,如图 4‑2‑17 所示。如有泄漏,在泄漏处涂抹一些玻璃胶。

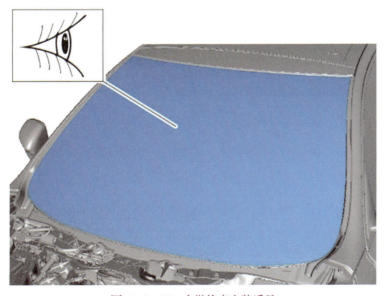

图 4‑2‑17 水淋检查安装质量

**注意：**

不同的品牌车型，涉及风挡玻璃的拆装，装配间隙调整尺寸的获取，可查阅《车身维修手册》。

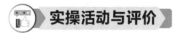 **实操活动与评价**

**实操活动：**

参考技术手册，完成胶粘型风挡玻璃的拆卸与安装，作业时间 3 小时（双人协作）。具体要求如下：

(1) 前风挡玻璃拆装前，按要求做好车辆防护与人员防护。

(2) 前风挡玻璃拆装前，按要求检查各类附件是否能正常工作。

(3) 根据所学相关知识，按要求拆卸风挡玻璃及其附件。

(4) 根据所学相关知识，按要求装配并检查前风挡玻璃及其附件。

(5) 双人操作。

(6) 限时 180 分钟。

**活动评价：**

请根据活动完成情况填写表 4-2-1。

表 4-2-1　前风挡玻璃拆装与检查评分表

学员编号：　　　　学员姓名：　　　　总得分：

| 关键能力 | 说明 | 分值 | 得分 | 扣分说明 |
| --- | --- | --- | --- | --- |
| 查询维修手册（资料） | 可以正确获取前风挡玻璃拆装信息 | 5 | | |
| 拆装过程使用安全防护用品 | 车辆防护设施(5分)缺一项扣5分<br>个人防护(5分)缺一项扣5分 | 10 | | |
| 工具设备使用 | 能正确使用玻璃拆装工具套装(5分)<br>能正确选用玻璃打胶工具(5分) | 10 | | |
| 风挡玻璃附件拆卸 | 能正确拆卸与安装风挡玻璃附件 | 10 | | |
| 风挡玻璃拆卸 | 能正确拆卸翼子板内衬 | 20 | | |
| 风挡玻璃安装 | 能正确安装风挡玻璃 | 20 | | |
| 风挡玻璃漏水检查 | 能对风挡玻璃进行漏水检查，无返工现象 | 10 | | |
| 零部件存放 | 各类螺栓与部件的标记存放、翼子板漆面保护 | 5 | | |
| 整个活动期间学员的工作规范 | 无暴力拆除及安装、拆装后工具设备归位、清洁拆装相关区域（车辆、工具、地面） | 5 | | |
| 工作素养 | 工具正确使用、工作过程中 7S、物料节约等 | 5 | | |

评估人员姓名：　　　　日期：

### 课后测评

测试题请扫描二维码。

### 能力拓展

三角窗玻璃的拆装方法请扫描二维码。

测试题

三角窗玻璃的
拆装方法

## 任务三　安全带拆检

### 学习目标

1. 能拆卸、分解、检查、安装汽车安全带。
2. 能确认安全带故障现象并分析故障成因。
3. 培养严谨细致、认真负责的工作态度，增强安全意识。

### 情景导入

某车辆的前排座椅安全带使用过程中感觉抽拉不够顺畅，需确认故障现象并予以维修，如图4-3-1所示。

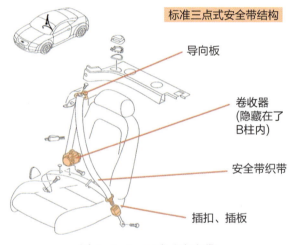

图4-3-1　三点式安全带

### 任务描述

安全带的拆装和检查是车身附件拆检的典型工作任务，安全带故障是汽车车身附件的常见故障之一。通过本任务学习，学员应能独立完成安全带拆装，并能检查和确认安全带故障。

### 任务分析

安全带拆检主要是对汽车座椅安全带系统各部件及相关内饰件的拆卸、检查及安装，在作业过程中应避免损坏安全带和车辆内饰件。

### 任务准备

一、安全带认知

**1. 汽车安全带的作用**　汽车安全带又称为座椅安全带，是汽车乘员约束装置，也是重要的汽车被动安全装置。作用是在碰撞事故时,约束乘员以及减轻或避免伤亡。

**2. 汽车安全带的类型**

(1) 按固定方式不同分为两点式、三点式、四点式、五点式等。目前使用最广泛的是三点式安全带,如图 4-3-2 所示。

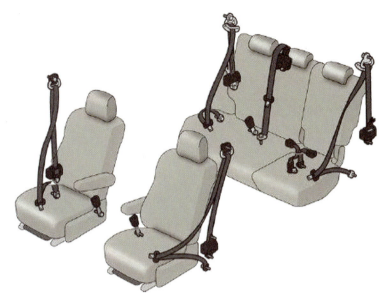

图 4-3-2 三点式安全带

(2) 按智能化程度分为被动式和主动式(预紧式)安全带。预紧式安全带除了有普通安全带的织带收放功能外,还有控制装置和预拉紧装置,可以在发生碰撞事故的瞬间(车速发生急剧变化时),用 0.1 秒左右时间内实现对织带的预拉紧,以加强对乘员在座椅上的约束力,最大限度地保护乘员安全,降低伤害。

(3) 按卷收器的有无与性能分为无锁式安全带、自锁式安全带和紧急锁止式安全带。

**3. 汽车安全带的结构组成**

(1) 织带:宽约 50 mm,厚约 1.2 mm,通常由尼龙或聚酯等合成纤维织成,具有较高强度和一定的伸长率。

(2) 卷收器:是能根据乘员的坐姿、身材等收卷织带来调节安全带长度的装置,可贮存织带并锁止织带拉出。正常情况下,织带可以缓慢匀速拉动,并可在拉出后自动回收,这主要是通过卷收器内的卷簧实现;卷收器内有棘轮机构,当车辆遇到紧急状态(织带被快速拉动时),棘轮机构将织带自动锁死,阻止织带拉出,实现对乘员的约束。

(3) 固定和导向机构:主要包括带扣、锁舌、固定销、固定座、导向环(D 环)和高度调节器等。

带扣及锁舌是系紧和解开座椅安全带的装置。将织带的一端固定在车身的称为固定板,车身固定端称为固定座。肩部安全带固定销一般都连接可调节式固定机构,能够上下调节肩部安全带的位置。高度调节器一般安装于车辆 B 柱,通过螺栓与安全带总成中的导向环(D 环)连接在一起,用于前排座椅安全带的高度调节。

(4) 预紧器和张力限制器:预紧器也称安全带张紧器,有齿条式、拉索式、钢球式;预紧器的启动有燃爆式和电动式。常见的燃爆式由气体起爆器、气体发生器、导管、活塞、绳索和驱动轮组成,使用火药作为动力,发生事故时,点燃火药推动齿条移动,从而带动卷收器回卷。

## 二、安全带拆检准备

**1. 维修班组成员**

☐组长  ☐操作员  ☐质检员  其他_____

**2. 检查场地**

☐施工区域是否安全  ☐气源安全  ☐电源安全  ☐采光效果
☐工位场地面积_____  现场人数_____

**3. 设备工具**

☐套筒工具  ☐螺丝刀套装  ☐内饰拆装工具  ☐车辆支撑台  ☐工具车
其他_____

**4. 安全防护**

☐工作服  ☐工作鞋  ☐棉线手套  ☐防尘口罩  ☐护目镜  ☐耳塞/耳罩
其他_____

**5. 产品耗材**

☐车辆防护垫三件套  ☐一次性座椅垫  ☐一次性脚垫  其他_____

### 🔧 任务实施

**步骤一  阅读工单、环车检查、判断故障**

维修人员接到待修车辆后,应查看维修工单,环车检查,判断并明确故障现象。查阅相关资料,结合自身修理经验,初步分析故障原因。

**确认工单、车辆检查:**
- 车架号和车牌号与工单是否一致:☐是  ☐否
- 车辆是否发生交通事故:☐是  ☐否
- 车辆座椅是否受损:☐是  ☐否

**结合"安全带故障诊断表"初步判断:**
- 安全带功能是否正常:☐是  ☐否  ☐不确定
- 安全带卷收器内是否有异物:☐是  ☐否  ☐不确定
- 棘轮机构故障:☐是  ☐否  ☐不确定
- 是否需要拆卸后检查:☐是  ☐否  ☐不确定

**步骤二　拆装工作准备**

准备工作：
- 车辆防护是否做好：□是　□否
- 维修人员是否穿戴个人防护用品：□是　□否
- 车辆移动是否正常：□是　□否
- 座椅移动是否正常：□是　□否
- 车内空间是否正常：□是　□否

（1）断开 12 V 电源系统，并检查确认 SRS 气囊系统已置于安全模式。
关闭点火开关，拆卸蓄电池负极电源线，释放系统残余电量（连续拨动点火开关 1～2 次）。

（2）调整座椅位置，确认拆装工作有足够操作空间。

**步骤三　拆除车门立柱的内饰板**

（1）找到并取下内饰板固定螺钉盖板，松开并取下螺钉。
（2）撬开车门立柱内饰板边缘，并将内饰板取下。
（3）撬开门槛梁内饰板并取下。

**步骤三　拆除安全带张紧器（以前排为例）**

（1）松开卡夹，拆卸安全带张紧器周边饰板，如图 4-3-3 所示。

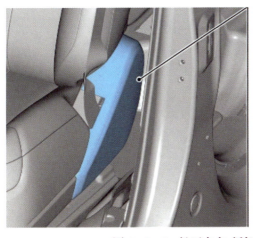

图 4-3-3　松开卡夹，拆卸安全带张紧器周边饰板

（2）断开线束插接，卸下螺栓，拆下前排座椅安全带张紧器，如图 4-3-4 所示。
（3）从前排座椅安全带张紧器拆开安全带连接，如图 4-3-5 所示。

**步骤四　拆卸座椅安全带卷收器（以前排为例）**

（1）松开卡扣，断开线束插接器。
（2）卸下固定螺栓，拆下前排座椅安全带卷收器总成，如图 4-3-6 所示。
（3）拆卸高度调节器固定螺栓，取下高度调节器和导向环。

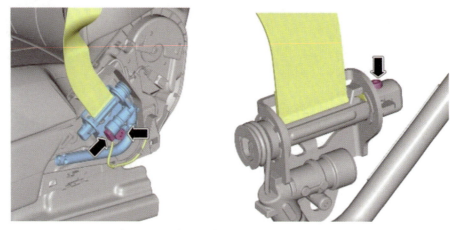

图4-3-4 松开螺栓,将操纵杆推靠在弹簧上

图4-3-5 从前排座椅安全带张紧器拆开安全带连接

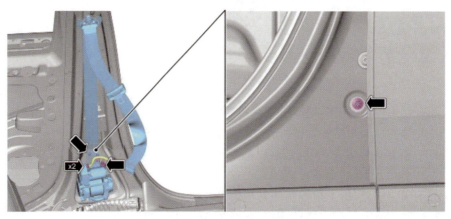

图4-3-6 拆卸座椅安全带卷收器

项目四　车身常见附件拆检

### 步骤四　检查安全带

**1. 外观检查**

检查安全带外观：
是否断丝、起毛：□是　□否
是否有污渍：□是　□否
是否有破洞或划伤：□是　□否
是否变形：□是　□否

**2. 拆解检查**

检查卷收器：
是否断丝、起毛：□是　□否
是否有污渍：□是　□否
是否有破洞或划伤：□是　□否
是否变形：□是　□否

### 步骤五　安装安全带

按拆卸相反的顺序安装。

**注意：**
1. 更换任何损坏的卡扣（或销式固定器）。
2. 安装并拧紧新螺栓。
3. 小心保护周围的漆面。
4. 小心安装饰板和盖板，避免损伤。
5. 确保线束插接器连接正常。
6. 安装前座椅安全带卷带器后，检查在点火开关"ON"时，空气囊警告灯是否短暂闪亮（约6秒），然后熄灭。

### 实操活动与评价

**实操活动：** 安全带拆装与检查

**活动说明：**
（1）安全带拆装前，按要求做好车辆防护与人员防护。
（2）安全带拆装前，按要求检查各类附件是否能正常工作。
（3）根据所学相关知识，按要求拆卸前排主驾侧安全带。
（4）根据所学相关知识，按要求装配并调整前排主驾侧安全带。
（5）单人操作。
（6）限时60分钟。

**活动评价：**
请根据活动完成情况填写表4-3-1。

安全带拆检
（视频）

表 4-3-1  安全带拆装与检查评分表

学员编号：　　　学员姓名：　　　总得分：

| 关键能力 | 说明 | 分值 | 得分 | 扣分说明 |
| --- | --- | --- | --- | --- |
| 查询维修手册(资料) | 可以正确获取安全带拆装信息 | 5 | | |
| 拆装过程使用安全防护用品 | 车辆防护设施(5分)缺一项扣3分<br>个人防护(5分)缺一项扣3分 | 10 | | |
| 安全带拆卸 | 能正确拆卸内饰板(10分)<br>能正确拆卸安全带卷收器(10分)<br>能正确拆卸安全带固定座(10分) | 30 | | |
| 安全带解体检查 | 能正确解体检查安全带(10分)<br>能对解体后的安全带进行组装(10分) | 20 | | |
| 安全带安装 | 能正确安装安全带(10分) | 10 | | |
| 装配与调试 | 每一部件都能正确安装与调试，无返工现象 | 10 | | |
| 零部件存放 | 各类螺栓与部件的标记存放、玻璃保护、车门内饰板保护、车窗升降机构的保护 | 5 | | |
| 整个活动期间学员的工作规范 | 无暴力拆除及安装、拆装后工具设备归位、清洁拆装相关区域(车辆、工具、地面) | 5 | | |
| 工作素养 | 工具正确使用、工作过程中7S、物料节约等 | 5 | | |

评估人员姓名：　　　日期：

测试题请扫描二维码。

测试题

# 任务四 天窗总成拆检

### 学习目标

1. 能拆卸、检查、安装天窗总成及其附件。
2. 能确认天窗渗水、漏水、排水故障并分析成因。
3. 培养细致认真的工作习惯,增强质量意识,增强服务意识和沟通能力。

### 情景导入

某车辆天窗破损且有漏水现象,需拆检维修天窗总成,如图4-4-1所示。

图4-4-1 天窗漏水

### 任务描述

天窗总成的拆检是车身附件拆检的典型工作任务,漏水现象是天窗的常见故障。通过学习本任务,学员能拆装与检查天窗总成,排除天窗渗水、漏水、排水故障。

### 任务分析

天窗总成拆检主要是天窗骨架的拆装、检查与调整以及对天窗玻璃、驱动电机、遮阳帘及驱动电机等附件的拆卸、检查、安装及调整。在作业过程中,需注意及时检查天窗总成排水、密封和使用性能。

### 任务准备

**一、天窗的功能**

汽车天窗的主要功能是提高车内采光效果,开启天窗后可使车内空气快速流通,调节车内温度和空气质量。

**二、天窗的类型**

**1. 活动式天窗**　活动式天窗主要由内藏式天窗和外启式天窗两种。内藏式指的是天窗处于打开状态,滑动天窗玻璃置于内饰与车顶之间的天窗,如图4-4-2所示。外启式天窗指的是天窗处于打开状态,滑动天窗玻璃置于车顶外侧,其状态为天窗玻璃倾斜升高,打开一定角度,外置滑动,如图4-4-3所示。

图4-4-2　内藏式天窗

图4-4-3　外启式天窗

**2. 固定式天窗**　固定式天窗是指车顶是整块玻璃,粘接于车顶骨架上,其未设置天窗玻璃滑动装置,如图4-4-4所示。

图4-4-4　固定式天窗

## 三、常见天窗的结构

常见天窗的结构如图 4-4-5 所示。

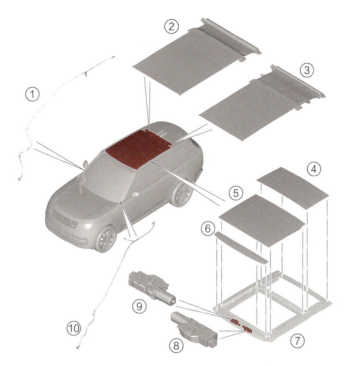

图 4-4-5 天窗骨架一览图(全景天窗)

①右侧排水管;②天窗遮阳帘;③分段式遮阳帘;④后天窗面板;⑤车顶天窗面板;⑥前部固定天窗;⑦天窗骨架;⑧天窗电机;⑨遮阳帘电机;⑩左侧排水管

## 四、天窗拆检准备

### 1. 维修班组成员

□组长　□操作员　□质检员　其他_____

### 2. 检查场地

□是否明亮　□施工区域是否安全　□气源安全　□电源安全
□工位场地面积_____　现场人数_____

### 3. 设备工具

□套筒工具　□螺丝刀套装　□天窗拆装专用工具　□吹风枪　□淋水喷头
□工具车　其他_____

### 4. 安全防护

□工作服　□工作鞋　□棉线手套　□防尘口罩　□护目镜　□耳塞/耳罩
其他_____

5. 产品耗材

□硅脂润滑剂　□无纺布　□清洁剂　□柔性不干胶（蛇胶）　□车辆防护垫三件套
□一次性座椅垫　□一次性脚垫　□电工胶带　其他_____

### 任务实施

**步骤一　阅读工单、环车检查**

同项目二任务一步骤一。

**步骤二　拆装工作准备**

同项目二任务一步骤二。

**学习检测：**
- 是否安装一次性车辆保护用品：□是　□否
- 维修人员是否穿戴个人安全防护用品：□是　□否
- 检查天窗功能是否正常：□是　□否
- 检查天窗周围是否有漏水痕迹：□是　□否
- 检查天窗玻璃是否有磕碰裂纹：□是　□否

**步骤三　查阅维修手册**

确定天窗玻璃的拆卸流程。

流程标记：
- 
- 
- 
- 

**步骤四　拆卸天窗玻璃**

（1）打开遮阳帘至最大开度，如图4-4-6所示。

（2）开启天窗至最大高度，如图4-4-7所示。

（3）在驾驶室内，拆卸天窗玻璃左右两侧的装饰条，如图4-4-8所示。

（4）拆卸天窗玻璃左右两侧的固定螺栓，如图4-4-9所示。

（5）双人配合，用大力吸盘取下天窗玻璃，并妥善放置，如图4-4-10所示。

**注意：**

1. 拆卸饰条时，选用适当工具并做好保护，防止饰件受损。
2. 天窗玻璃较重，应小心取下，并妥善放置。
3. 若天窗玻璃已破碎，须仔细清除干净。

**步骤五　拆卸天窗玻璃密封垫**

（1）按图示方向，拆除天窗玻璃的自粘式密封垫，如图4-4-11所示。

图 4-4-6 打开遮阳帘

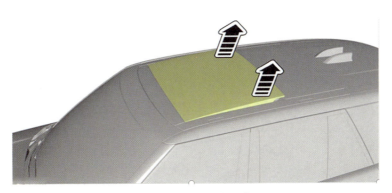

图 4-4-7 开启天窗

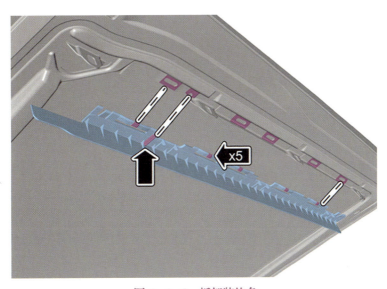

图 4-4-8 拆卸装饰条

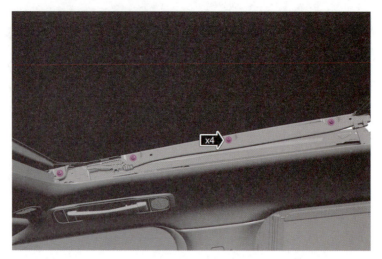

图 4-4-9 拆下固定螺栓

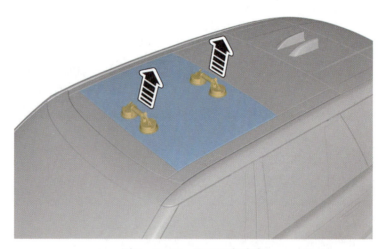

图 4-4-10 取下天窗玻璃

图 4-4-11 拆除密封垫

(2) 后续安装前,用除胶板(油灰刀)清除胶层,用清洁剂和擦拭布清洁表面,确保粘接面清洁干燥;涂抹密封垫底漆,如图 4-4-12 所示。

图 4-4-12　涂抹密封垫底漆

(3) 后续安装时,可按图示顺序在原标记位置处依次安装密封垫,如图 4-4-13 所示。

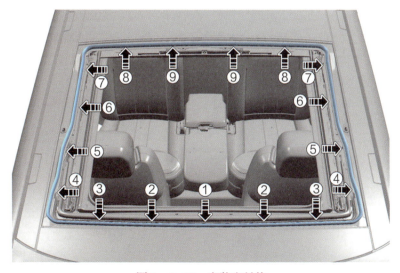

图 4-4-13　安装密封垫

**注意:**
1. 密封垫拆除前,务必标注清楚原密封垫的粘接位置。
2. 密封垫底漆施涂后,须晒干 10 分钟,确保自粘式密封垫有良好的防水性能。
3. 密封垫为一次性使用,拆卸后须及时更换。
4. 安装过程中,动作应轻柔,切勿将密封垫拉长。

### 步骤六  拆卸(或降低)内饰顶棚

(1) 将主、副驾驶座椅前移,并倾斜靠背,降低前、后排座椅头枕高度,如图 4-4-14 所示。

图 4-4-14  倾斜座椅靠背

(2) 松开车门密封条上部,并拆卸 A、B、C 柱的内饰板。B 柱内饰板拆卸如图 4-4-15 所示。

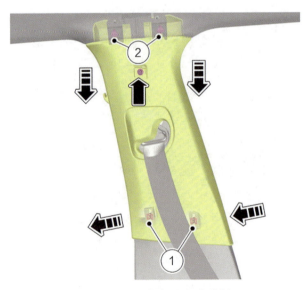

图 4-4-15  拆卸 B 柱内饰板

(3) 拆卸主、副驾驶遮阳板,如图 4-4-16 所示,拆卸天窗控制总成,拆卸 4 个顶棚拉手。

(4) 拆卸内饰顶棚其他固定卡扣并断开所有相关线束插接件(详见维修手册),将内饰顶棚移出驾驶室或降低高度,如图 4-4-17 所示。

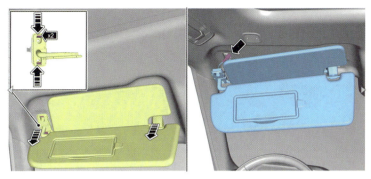

图 4-4-16 拆卸遮阳板

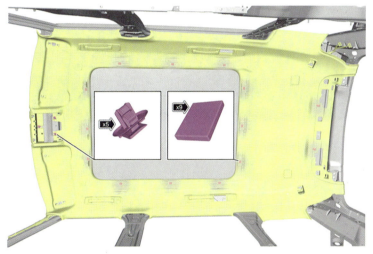

图 4-4-17 拆卸内饰顶棚

**步骤七 检测天窗排水管**

(1) 检查排水管是否老化,若老化破损须及时更换,如图 4-4-18 所示。

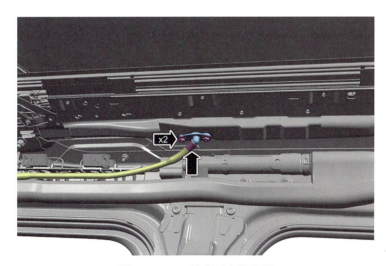

图 4-4-18 检查天窗排水管

(2)从排水管上端缓缓注入清水,观察排水管下端出水情况(前翼子板后部下方)。若排水管堵塞,拆卸排水管固定螺栓,取下排水管上端接口,用吹尘枪吹气疏通,如图4-4-19所示。

图4-4-19 疏通天窗排水管

**步骤八 拆装天窗骨架**

(1)拆卸天窗遮阳帘总成(详见维修手册),如图4-4-20所示。

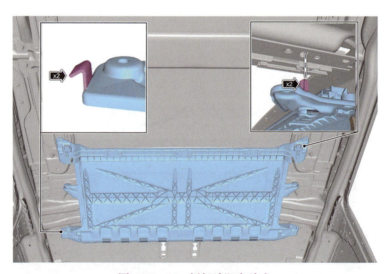

图4-4-20 拆卸遮阳帘总成

(2)拆卸遮阳帘驱动电机、天窗电机。
(3)拆卸天窗固定螺母,如图4-4-21所示。
(4)在车顶天窗骨架四周,贴好遮蔽,做好漆面保护工作,如图4-4-22所示。
(5)用割胶刀,从图示位置依次割断四周胶层,如图4-4-23所示。
(6)双人配合,用玻璃吸盘取下天窗骨架,并妥善放置,如图4-4-24所示。

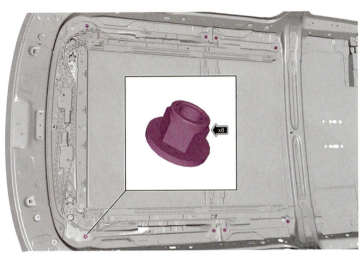

图4-4-21 拆卸天窗总成固定螺母

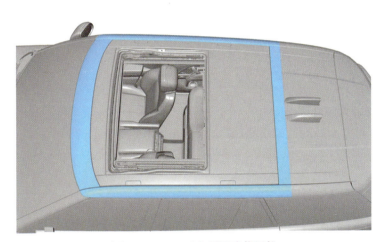

图4-4-22 天窗周围遮蔽保护

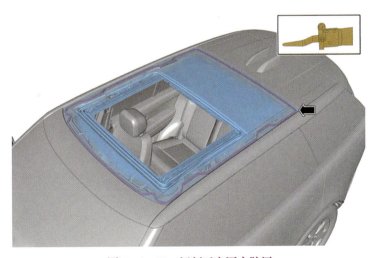

图4-4-23 切割天窗固定胶层

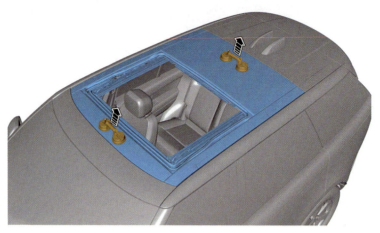

图 4 - 4 - 24　取下天窗总成

> **注意：**
> 1. 拆卸遮阳帘电机与天窗电机时，务必标注清楚电机名称以免混用。
> 2. 天窗固定螺母为一次性紧固件，须及时更换。
> 3. 切割玻璃胶层时，须做好防护并谨慎操作，以免损坏玻璃。

**步骤九　安装天窗骨架**

（1）除去天窗骨架四周的胶层垫块，清除车身与天窗骨架上的残余胶层，如图 4 - 4 - 25 所示。

图 4 - 4 - 25　除去胶层垫块与残及胶层

（2）使用清洁剂，清洁车身与天窗骨架胶层位置，确保接合面清洁，如图 4 - 4 - 26 所示。

（3）在天窗骨架相应位置安装胶层垫块，如图 4 - 4 - 27 所示。

（4）在天窗骨架相应位置打胶，如图 4 - 4 - 28 所示。

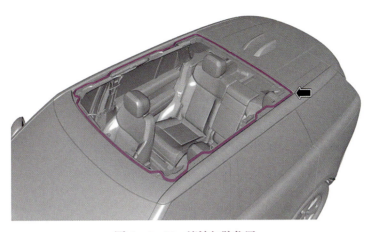

图 4-4-26 清洁打胶位置

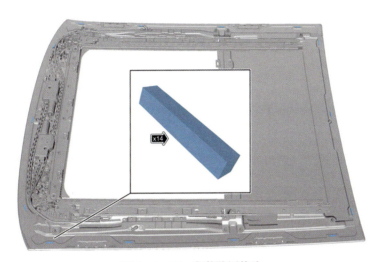

图 4-4-27 安装胶层垫块

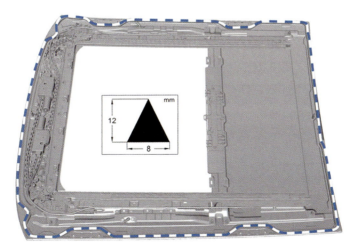

图 4-4-28 天窗四周打胶

(5) 双人协作,用大力吸盘将天窗骨架装复到位,如图4-4-29所示。

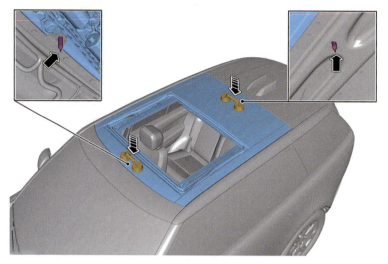

图4-4-29 安装天窗

(6) 检查天窗骨架与车身间隙,并适当微调,如图4-4-30所示。

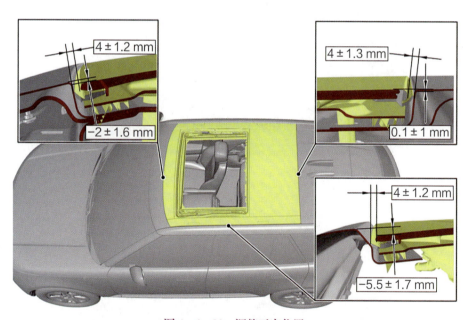

图4-4-30 调整天窗位置

注意:

1. 胶嘴制作方式与胶层重合长度参考风挡玻璃安装相关要求,胶线截面形状为三角形(宽度7～8 mm,高度为12～13 mm)。

2. 打胶过程中,确保胶线连续无中断。

3. 天窗骨架装复时,须确保定位销与紧固螺栓正常插入相应定位孔(部分车型需要在胶层固化 2 小时候拆卸定位销)。

4. 天窗骨架装复后,应在胶层四边施加相同的力,确保安装质量。

5. 天窗骨架装复后,应立即检查天窗高度与间隙并微调。

**步骤十　安装与调整**

按拆卸倒序安装,各部件装配后,须及时检查,确认功能正常。

**注意:**

1. 务必更换一次性螺栓及卡扣。
2. 按照维修手册规定的扭矩紧固螺栓和螺钉。
3. 天窗骨架安装时,须注意漆面保护。
4. 天窗玻璃安装后,须手动转动天窗电机,检查天窗玻璃是否卡涩,移动是否顺畅。
5. 天窗骨架安装后,及时通电调试。
6. 内饰顶棚安装前,进行淋水测试(观察天窗排水是否正常;淋水后打开天窗,观察排水槽是否有积水;查看天窗骨架周边是否渗水)。
7. 天窗骨架安装后,须完成天窗控制的"初始化"(长时间按动天窗滑动玻璃及遮阳帘滑动开关,使移动玻璃及遮阳帘自动完成一个打开到关闭的全过程)。

淋水测试如图 4-4-31 所示。

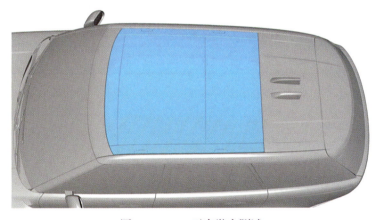

图 4-4-31　天窗淋水测试

### 实操活动与评价

**实操活动:** 天窗骨架拆装与检查

**活动说明:**

(1) 天窗总成拆装前,按要求做好车辆防护与人员防护。

(2) 天窗总成拆装前,按要求检查各类附件是否能正常工作。

(3) 根据所学相关知识,按要求拆卸天窗玻璃及天窗框架总成。

（4）根据所学相关知识，按要求装配并调整天窗玻璃及天窗框架总成。

（5）双人操作。

（6）限时 120 分钟。

**活动评价：**

请根据活动完成情况填写表 4-4-1。

表 4-4-1　天窗骨架及附件拆装与检查评分表

学员编号：　　　　学员姓名：　　　　总得分：

| 关键能力 | 说明 | 分值 | 得分 | 扣分说明 |
| --- | --- | --- | --- | --- |
| 查询维修手册（资料） | 可以正确获取天窗拆装信息 | 5 | | |
| 拆装过程使用安全防护用品 | 车辆防护设施（5分）缺一项扣3分<br>个人防护（5分）缺一项扣3分 | 10 | | |
| 车内内饰板拆装 | 按要求拆卸内饰顶棚 | 20 | | |
| 天窗骨架拆装 | 能正确拆卸天窗玻璃（5分）<br>能正确拆装天窗滑动连杆（10分）<br>能正确拆卸驱动电机（5分）<br>能正确拆卸遮阳帘装置（10分） | 30 | | |
| 装配与调试 | 每一部件都能正确安装与调试，无返工现象 | 20 | | |
| 零部件存放 | 各类螺栓与部件的标记存放、玻璃保护、内饰板件保护、天窗骨架机构的保护 | 5 | | |
| 整个活动期间学员的工作规范 | 无暴力拆除及安装、拆装后工具设备归位、清洁拆装相关区域（车辆、工具、地面） | 5 | | |
| 工作素养 | 正确使用工具、工作过程中 7S、物料节约等 | 5 | | |

评估人员姓名：　　　　日期：

## 课后测评

测试题请扫描二维码。

测试题

# 参考文献

[1] 张尚娇,郑敏,曲艳平,等.汽车车身术语:GB/T 4780—2020[S].北京:中国标准出版社,2020.

[2] 中华人民共和国人力资源和社会保障部,中华人民共和国交通运输部.国家职业技能标准:汽车维修工(2018年版)[S].北京:中国劳动社会保障出版社,2019.

[3] 王平,张学利,周刚,等.汽车维修术语:GB/T 5624—2019[S].北京:中国标准出版社,2019.

[4] 邱娟,温玉刚,等.汽车玻璃零配安装要求:QC/T 984[S].北京:中国计划出版社,2015.

[5] 人力资源和社会保障部.汽车钣金与涂装专业国家技能人才培养标准及一体化课程规范[M].北京:中国劳动社会保障出版社,2018.

# 附　录

## 课程标准

**一、课程名称**

汽车车身外板件与附件拆检技术

**二、适用专业及面向岗位**

适用专业：

中职学校：汽车车身修复专业(700207)、汽车运用与维修专业(700206)。

高职院校：汽车检测与维修技术专业(500211)。

技工院校：汽车钣金与涂装专业(0405)。

面向汽车售后服务企业的职业岗位群(如汽车钣金工、钣喷技术主管、钣喷质量检验员、钣喷车间管理员等)。

**三、课程性质**

本课程为专业技术技能课程，是一门与汽车车身整形岗位能力要求紧密对接的课程。课程以汽车车身外板件与附件拆检为基础，与汽车车身整形岗位的典型工作任务对接。涵盖钣金从业人员在车身维修服务过程中人员安全防护、拆装工具选用、车辆的保护、拆装流程、安装要求、外板件装配与调整、拆检质量评价等核心内容。本课程具有实践性强的特点，是汽车行业专业人员学习汽车车身整形技术的核心课程及特色课程。重点培养学生运用汽车车身外板件与附件拆检的实践工作能力，通过对本课程的学习，能够爱岗敬业，热爱车身修复专业(汽车钣金与涂装专业)，养成良好的工作态度和工作习惯，为未来的职业生涯奠定扎实的基础。

**四、课程设计**

**（一）设计思路**

《汽车车身外板件与附件拆检技术》不仅是车身修复专业的专业核心课程，也是其他汽车维修类专业的核心课程。培养汽车维修钣金工的拆装检查能力，对提高我国汽车维修人员的职业素质极为重要。本教材课程内容设置强调紧贴汽车维修工作的实际需要，以汽车车身整形修复工作岗位任务为主线，主要采用项目教学法、案例教学法等方式开展课程教学，内容以"必需、够用"为度，突出"精简、新颖、科学、合理、可操作性强"的特点，着重培养学生的理解、观察、分析、归纳及解决问题的能力，强调学生自主学习能力、实践操作能力、互助协作能力的培养。

**(二)内容组织**

本教材内容组织根据行业、岗位实际需求,并遵循学生认知规律,将汽车维修行业、职业标准和岗位规范中与车身外板件、附件拆装相关的内容进行重构,采用模块化项目任务式教材体例。教材内容由4个项目组成,每个项目下有若干学习任务。每一项目均突出学生岗位能力培养,体现了做中学、学中做,基于工作的学习。为学生提供了汽车车身维修工作中涉及的外板件与附件拆检的完整工作流程及各类外板件与附件认知等基本知识。

**五、课程教学目标**

**(一)知识目标**

(1)了解车身基础知识,掌握车身结构、车身材料以及车身唯一识别号(VIN号)。

(2)熟悉车身上各类连接件名称,掌握螺纹连接件的拆装方法。

(3)了解各类外板件的名称、材质与作用,掌握外板件的拆装方法以及安装的注意事项。

(4)了解各类附件的名称与作用,掌握车身附件的拆装方法以及安装的注意事项。

(5)掌握车身外板件间隙的调整方法。

**(二)能力目标**

(1)能正确使用各类拆装工具,并能正确保养各类拆装工具。

(2)能对车身外板件与附件进行拆装前检查,能按规范流程进行外板件的拆卸、检查与安装。

(3)能对车身附件进行拆卸、检查与安装。

(4)能对车身外板件间隙进行检查并进行调整。

**(三)素质目标**

(1)具备主动学习、勤学苦练、团结协作的学习态度。

(2)具备实事求是、认真细致的科学作风。

(3)具备尊重、服务车主的良好品德,热爱车身修复专业,具有稳定的职业情感和态度。

(4)具备良好的沟通能力。

**六、参考学时与学分**

64/90学时(高职/中职),4学分。

**七、课程内容及要求**

| 内容结构 | | 教学目标 | 教学内容 | 主要教学方法、手段 | 学时(高职/中职) |
| --- | --- | --- | --- | --- | --- |
| 项目一 车身拆检须知 | 任务一 车身辨识 | 1. 素质目标:培养严谨细致、认真负责的工作态度和爱岗敬业、精益求精的工匠精神<br>2. 知识目标:熟悉并掌握VIN码、车身结构、车身材料、车身外板件与附件名称<br>3. 技能目标:能正确描述车身外板件和车身附件的名称;能通过查找车架号和辨识车身基本情况 | 1. 车身VIN码各部分的含义<br>2. 车身组成及各部分名称材料 | 1. 讲授法<br>2. 案例教学法<br>3. 情景教学法 | 2/4 |

续 表

| 内容结构 | | 教学目标 | 教学内容 | 主要教学方法、手段 | 学时(高职/中职) |
|---|---|---|---|---|---|
| | 任务二 连接件辨识 | 1. 素质目标:培养严谨细致、认真负责的工作态度和爱岗敬业、精益求精的工匠精神<br>2. 知识目标:熟悉并掌握各连接件的性能特点、选用要求和使用方法<br>3. 技能目标:能正确辨识螺栓螺母、卡扣、线束插接器和管路接头等连接件 | 1. 螺栓螺母的认知<br>2. 卡扣件的认知<br>3. 线束插接件的认知<br>4. 管件接头的认知 | 1. 讲授法<br>2. 案例教学法<br>3. 情景教学法 | 2/2 |
| | 任务三 拆装工具选用 | 1. 素质目标:培养质量意识和严谨细致、精益求精的工作态度<br>2. 知识目标:熟悉并掌握各类板件检验工具的性能特点和使用方法<br>3. 技能目标:能按照不同类型的连接件选择合适的拆装工具;能正确使用工具拆装连接件 | 1. 螺纹类拆装工具的认知<br>2. 饰件卡扣的认知<br>3. 其他拆装工具的认知 | 1. 讲授法<br>2. 案例教学法<br>3. 情景教学法 | 4/4 |
| 项目二 车身外板件拆装与调整 | 任务一 保险杠拆装与调整 | 1. 素质目标:培养安全意识、质量意识、效率意识和严谨细致、认真负责的工作态度<br>2. 知识目标:熟悉并掌握保险杠的基础知识及拆装注意事项<br>3. 技能目标:能正确拆卸、检查、调整、装配保险杠及其附件、线束插接器等;能正确调整保险杠与周围零件配合间隙使其符合厂家质量要求 | 1. 保险杠的认知<br>2. 保险杠的拆卸方法及注意事项<br>3. 保险杠的损伤检查及更换标准<br>4. 保险杠的装配与调整方法 | 1. 讲授法<br>2. 案例教学法<br>3. 情景教学法 | 6/6 |
| | 任务二 前翼子板拆装与调整 | 1. 素质目标:培养安全意识、质量意识、效率意识和严谨细致、认真负责的工作态度<br>2. 知识目标:熟悉并掌握前翼子板的基础知识及拆装注意事项<br>3. 技能目标:能正确拆卸、调整、装配前翼子板及其附件;能正确调整翼子板与周围零件配合间隙使其符合厂家质量要求 | 1. 前翼子板的认知<br>2. 前翼子板的拆卸方法及注意事项<br>3. 前翼子板内衬的拆装<br>4. 前翼子板的装配与调整方法 | 1. 讲授法<br>2. 案例教学法<br>3. 情景教学法 | 6/6 |
| | 任务三 发动机罩拆装与调整 | 1. 素质目标:培养安全意识、效率意识和严谨细致、认真负责的工作态度<br>2. 知识目标:熟悉并掌握发动机罩的基础知识及拆装注意事项<br>3. 技能目标:能正确拆卸、安装发动机罩,并调整装配间隙;能更换发动机罩的锁扣与拉线 | 1. 发动机罩的认知<br>2. 发动机罩的拆卸方法及注意事项<br>3. 发动机罩的装配与调整方法 | 1. 讲授法<br>2. 案例教学法<br>3. 情景教学法 | 6/6 |

附录 课程标准

续表

| 内容结构 | | 教学目标 | 教学内容 | 主要教学方法、手段 | 学时(高职/中职) |
|---|---|---|---|---|---|
| 项目三 车门附件拆检 | 任务四 车门拆装与调整 | 1. 素质目标:培养安全意识、效率意识和严谨细致、认真负责的工作态度<br>2. 知识目标:熟悉并掌握车门的基础知识及拆装注意事项<br>3. 技能目标:能正确拆卸、安装车门,更换铰链;能正确调整车门的装配间隙,调整后符合厂家要求 | 1. 车门的认知<br>2. 车门的拆卸方法及注意事项<br>3. 车门的装配与调整方法 | 1. 讲授法<br>2. 案例教学法<br>3. 情景教学法 | 6/6 |
| | 任务一 车门内饰板拆检 | 1. 素质目标:培养安全意识、效率意识、质量意识和严谨细致、认真负责的工作态度<br>2. 知识目标:熟悉并掌握车门内饰板的基础知识及拆装注意事项<br>3. 技能目标:能拆卸、检查、安装车门内饰板及其附件;能正确选用内饰件拆装工具 | 1. 车门内饰板的认知<br>2. 车门内饰板的拆卸方法及注意事项<br>3. 车门内饰板的装配与检查 | 1. 讲授法<br>2. 案例教学法<br>3. 情景教学法 | 6/6 |
| | 任务二 后视镜拆检 | 1. 素质目标:培养安全意识、效率意识、质量意识和严谨细致、认真负责的工作态度<br>2. 知识目标:熟悉并掌握后视镜的基础知识及拆装注意事项<br>3. 技能目标:能拆卸、检查、安装后视镜总成;能分解后视镜镜片、后视镜盖及其附件 | 1. 后视镜的认知<br>2. 后视镜镜片与后盖的拆卸方法及注意事项<br>3. 后视镜总成的拆卸方法及注意事项<br>4. 后视镜的装配与调整 | 1. 讲授法<br>2. 案例教学法<br>3. 情景教学法 | 2/4 |
| | 任务三 玻璃升降机构拆检 | 1. 素质目标:培养安全意识、效率意识、质量意识和严谨细致、认真负责的工作态度<br>2. 知识目标:熟悉并掌握玻璃升降机构的基础知识及拆装注意事项<br>3. 技能目标:能拆卸、检查、安装车窗升降机构;能阅读简单电气线路图 | 1. 玻璃升降机构的认知<br>2. 玻璃升降机构的拆卸方法及注意事项<br>3. 玻璃升降机构的装配与调整 | 1. 讲授法<br>2. 案例教学法<br>3. 情景教学法 | 4/4 |
| | 任务四 车窗玻璃拆检 | 1. 素质目标:培养安全意识、效率意识、质量意识和严谨细致、认真负责的工作态度<br>2. 知识目标:熟悉并掌握车窗玻璃的基础知识及拆装注意事项<br>3. 技能目标:能拆卸、分解、检查、安装车窗玻璃及其附件;能检查玻璃导槽的使用性能 | 1. 车窗玻璃的认知<br>2. 车窗玻璃的拆卸方法及注意事项<br>3. 车窗玻璃的装配与调整 | 1. 讲授法<br>2. 案例教学法<br>3. 情景教学法 | 4/4 |

续 表

| 内容结构 | | 教学目标 | 教学内容 | 主要教学方法、手段 | 学时(高职/中职) |
|---|---|---|---|---|---|
| | 任务五门锁机构拆检 | 1. 素质目标:培养爱岗敬业、团结协作、严谨细致、认真负责的工作态度<br>2. 知识目标:熟悉并掌握门锁机构的基础知识及拆装注意事项<br>3. 技能目标:能拆卸、检查、安装车门锁芯、外拉手;能拆卸、检查、安装门锁电机 | 1. 门锁机构的认知<br>2. 门锁机构的拆卸方法及注意事项<br>3. 门锁机构的装配与调整 | 1. 讲授法<br>2. 案例教学法<br>3. 情景教学法 | 2/4 |
| 项目四车身常见附件拆检 | 任务一座椅拆检 | 1. 素质目标:培养爱岗敬业、团结协作、严谨细致、认真负责的工作态度<br>2. 知识目标:熟悉并掌握座椅的基础知识及拆装注意事项<br>3. 技能目标:掌握前、后座椅结构组成、拆装流程和方法;能独立拆装前座椅和后座椅 | 1. 座椅的认知<br>2. 座椅的拆卸方法及注意事项<br>3. 座椅的装配与调整 | 1. 讲授法<br>2. 案例教学法<br>3. 情景教学法 | 2/6 |
| | 任务二风挡玻璃拆检 | 1. 素质目标:培养安全意识、效率意识、质量意识和严谨细致、认真负责的工作态度<br>2. 知识目标:熟悉并掌握风挡玻璃的基础知识及拆装注意事项<br>3. 技能目标:掌握风挡玻璃拆装流程及方法,并能完成拆卸与粘接作业 | 1. 风挡玻璃的认知<br>2. 风挡玻璃的拆卸方法及注意事项<br>3. 风挡玻璃的装配与调整 | 1. 讲授法<br>2. 案例教学法<br>3. 情景教学法 | 6/12 |
| | 任务三安全带拆检 | 1. 素质目标:培养安全意识、效率意识、质量意识和严谨细致、认真负责的工作态度<br>2. 知识目标:熟悉并掌握安全带的基础知识及拆装注意事项<br>3. 技能目标:能拆卸、分解、检查、安装汽车安全带;能确认安全带故障现象并分析故障成因 | 1. 安全带的认知<br>2. 安全带的拆卸方法及注意事项<br>3. 安全带的装配与调整 | 1. 讲授法<br>2. 案例教学法<br>3. 情景教学法 | 2/4 |
| | 任务四天窗总成拆检 | 1. 素质目标:培养安全意识、效率意识、质量意识和严谨细致、认真负责的工作态度<br>2. 知识目标:熟悉并掌握天窗总成的基础知识及拆装注意事项<br>3. 技能目标:能拆卸、检查、安装天窗总成及其附件;能确认天窗渗水、漏水、排水故障并分析成因 | 1. 天窗总成的认知<br>2. 天窗总成的拆卸方法及注意事项<br>3. 天窗总成的装配与调整 | 1. 讲授法<br>2. 案例教学法<br>3. 情景教学法 | 4/12 |

教学环境和场地要求:实训中心和理实一体化教室,宽敞、整洁、安全,应急疏散通道畅通;网络良好,灯光照明良好,通风良好;实训车辆、设备、设施、工具、耗材齐备。

## 八、资源开发与利用

### （一）教材编写与使用

教材编写本着理论知识够用与适用，实践能力训练为核心的原则，紧密对接汽车售后服务企业的职业岗位群（如汽车车身整形修复工、钣喷技术主管、钣喷质量检验员、钣喷车间管理员等）职业能力和素质要求，以汽车车身外板件与附件拆检工作的典型案例、图片和视频等真实素材为资源，按学习任务归类整理，编写成教材。教材体例突出中国特色现代学徒制人才培养模式的理念和要求，采用情境导入、任务分析、任务准备、任务实施、任务评价、知识链接、能力拓展、图片及操作视频等形式多样，内容丰富的模块化项目式新型教材，增加教学趣味性，既满足学生的学习需求，又符合教师教学使用要求，同时保证教学课程与岗位工作过程有效对接，满足岗位实用型、技能型人才培养的需要。

### （二）数字化资源开发与利用

校企合作共同开发和利用网络教学平台及网络课程资源。课堂教学课件、操作培训视频、考核标准、任务训练、微课等资源利用在线学习平台，由学校和企业发布可在线学习的课程资料，学生采取线上线下相结合的方式，更灵活的完成课程学习任务。教师也可以发布非课程任务的辅导材料（形式包括但不限于视频、PDF、Word 文档等），用于学生碎片化学习阅读，拓展相关知识点。利用在线交流互动平台，实现学生和教师之间在线交流。

### （三）企业岗位培养资源的开发与利用

通过校企合作、深度融合，把企业生产中的典型案例用于课程教学与任务实施，使教学过程与生产过程紧密对接，既能增加教学的趣味性，营造生动的学习氛围，提高教学效果，又能使教学内容与行业发展要求相适应。

## 九、教学建议

（1）采用行动导向的教学方法，为确保教学安全，提高教学效果，建议采用分组教学的形式，以实操训练、任务实施激发学生兴趣，使学生在任务活动中掌握相关的知识和技能。

（2）以学生为本，注重"教"与"学"的互动，选用典型案例，设计多种形式的"互动框"由学生填写，体现"教中学、学中做、边学边做、边做边学"。教师需加强示范与指导，注重学生职业素养和规范操作的培养。

（3）注重职业情景的创设，让学生以角色扮演、组建团队、开展小组合作、小组交叉互评等形式，完成岗位典型任务活动。

## 十、课程实施条件

1. **师资队伍**　本课程是专业主干课程，以教、学、做一体化为主要教学方式，教师的专业能力是关键。因此在师资结构方面，要组建一支与办学规模和课程设置相适应的双师型教师团队，建议师生比例不低于1∶20，具有企业实践经验的专兼职教师占专业教师总数的60%以上。在师资能力方面，要求该课程的专业教师应具有丰富的实践经验。具有将职业典型工作任务转换成课程，组织教学和实施相应考核评价的能力。

2. **场地设备设施**　本课程教学场地须具备良好的安全、照明和通风条件，建议分为集中教学区、分组教学区、信息检索区、工具存放区和成果展示区，配备相应的多媒体教学设备等教学资源，合理设置实操工位，以支持资料查阅、教师授课、小组研讨、任务实施、成果展示等教学活动的开展。企业实训基地应具备工作任务实施与技术培训等功能。

实操教学应配置汽车外板件与附件拆检相关设备、设施及足量耗材。

**十一、教学评价**

校企共同制定考核评价方案,教学评价由学生自测、小组互评、教师评价组成,建议采用过程性与终结性评价、理论知识评价与实践技能评价相结合的综合评价体系。过程性与终结性评价均涵盖理论知识评价与技能考核评价。过程性评价应结合学习态度、理论与实训成绩等,注重评价方式的多样性与客观性,着重考核学习者在完成学习任务过程中的学习态度、知识与技能学习情况以及在学习过程中体现出来的工作态度、团队协作精神、交流沟通与解决问题能力等综合素质的养成;终结性评价主要在于考核学习者知识与技能的运用情况,强调学习者的能力提升。

# 附录 课程标准

## 图附录-1 汽车车身外板件与附件拆检技术课程内容结构图

### 车身外板件与附件拆装技能学习

1. 能正确辨识螺母、卡扣、线束插接器和管路接头等连接件。
2. 能正确辨识螺栓螺母、卡扣、线束插接器和管路接头等连接件。
3. 能按照不同类型的拆装连接件选择合适的拆装工具，能正确使用工具拆装连接件。

### 车身拆检须知

1. 能正确掌握VIN码、车身结构、车身材料、车身外板件与附件名称。
2. 熟悉并掌握各板件的性能特点、适用要求和使用方法。
3. 熟悉并掌握各类板件检验工具的性能特点和使用方法。
4. 熟悉并掌握车身材料的基础知识及拆装注意事项。

### 车身外板件拆检与调整

1. 能正确拆卸、检查、调整、装配保险杠及其附件、线束插接器等；能正确调整保险杠与周围零件配合间隙。
2. 能正确拆卸、调整、装配前翼子板及其附件，能正确调整翼子板与周围零件配合间隙。
3. 能正确拆卸、安装发动机罩，并调整装配间隙；能更换发动机罩的锁扣与拉线。

1. 熟悉并掌握保险杠拆卸及拆装注意事项。
2. 熟悉并掌握前翼子板的基础知识及拆装注意事项。
3. 熟悉并掌握发动机罩的基础知识及拆装注意事项。
4. 熟悉并掌握车门的基础知识及拆装注意事项。

### 车门附件拆检

1. 能拆卸、检查、安装车门内饰板及其附件；能正确选用内饰件拆装工具。
2. 能拆卸、检查、安装后视镜总成、镜片，能分解后视镜总成及其附件。
3. 能拆卸、检查、安装车窗升降机构，能阅读简单电气线路图。
4. 能拆卸、分解、检查、安装车窗玻璃及其附件，能检查玻璃导槽的使用性能。

1. 熟悉并掌握车门内饰板的基础知识及拆装注意事项。
2. 熟悉并掌握后视镜拆卸的基础知识及拆装注意事项。
3. 熟悉并掌握车窗玻璃升降机构的基础知识及拆装注意事项。
4. 熟悉并掌握车窗玻璃的基础知识及拆装注意事项。

### 车身特殊附件拆检

1. 掌握前、后座椅结构组成、拆装流程和方法；能独立拆装前座椅和后座椅。
2. 掌握风挡玻璃拆装流程及方法，并能完成玻璃与粘接作业。
3. 能拆卸、分解、检查、安装安全带，并能分析故障成因。
4. 能拆卸、检查、安装天窗总成及其附件，能认识天窗渗水、漏水、排水故障现象并分析成因。

1. 熟悉并掌握座椅的基础知识及拆装注意事项。
2. 熟悉并掌握风挡玻璃的基础知识及拆装注意事项。
3. 熟悉并掌握安全带的基础知识及拆装注意事项。
4. 熟悉并掌握天窗总成的基础知识及拆装注意事项。

能够熟练并规范拆检车身外板件与附件

**图书在版编目(CIP)数据**

汽车车身外板件与附件拆检技术/虞金松,刘宁主编. —上海：复旦大学出版社,2023.11
ISBN 978-7-309-16949-2

Ⅰ.①汽… Ⅱ.①虞… ②刘… Ⅲ.①汽车-车体-车辆修理-高等职业教育-教材 Ⅳ.①U472.41

中国国家版本馆 CIP 数据核字(2023)第 153303 号

**汽车车身外板件与附件拆检技术**
虞金松　刘　宁　主编
责任编辑/高　辉

复旦大学出版社有限公司出版发行
上海市国权路 579 号　邮编：200433
网址：fupnet@fudanpress.com　http://www.fudanpress.com
门市零售：86-21-65102580　团体订购：86-21-65104505
出版部电话：86-21-65642845
上海四维数字图文有限公司

开本 787 毫米×1092 毫米　1/16　印张 10　字数 243 千字
2023 年 11 月第 1 版第 1 次印刷

ISBN 978-7-309-16949-2/U·32
定价：45.00 元

如有印装质量问题，请向复旦大学出版社有限公司出版部调换。
版权所有　侵权必究

活页教材专用笔记纸